U0177904

上海大学上海美术学院高水平建设经费资助
国家自然科学基金青年科学基金项目“基于复杂网络理论的城市空间密度自影响机制研究——以上海为例”资助，项目批准号52008237

# 集聚与城市

刘坤◎著

中国城市出版社

**图书在版编目（CIP）数据**

集聚与城市 / 刘坤著 . — 北京：中国城市出版社，
2022.12
ISBN 978-7-5074-3559-7

Ⅰ . ①集…　Ⅱ . ①刘…　Ⅲ . ①城市空间—研究　Ⅳ .
① TU984

中国版本图书馆 CIP 数据核字（2022）第 241797 号

本书属于城市空间形态研究的范畴，从密度的视角来理解城市的集聚本质。通过案例解析，厘清人类城市发展史中空间密度的呈现事实和发展脉络，剖析了空间密度概念出现的意义及对当代城市发展的深远影响。本书认为密度不仅是城市空间形态的一种物理属性，更是具有经济和社会意义的文化属性。本书还尝试将城市看作是一种人的行为所构建的复杂网络的空间载体，而密度亦可成为一种思考城市的方式，为城市空间形态研究提供新的思路。

责任编辑：杨　虹　周　觅
书籍设计：康　羽
责任校对：党　蕾

**集聚与城市**
刘　坤　著
*
中国城市出版社出版、发行（北京海淀三里河路 9 号）
各地新华书店、建筑书店经销
北京雅盈中佳图文设计公司制版
北京中科印刷有限公司印刷
*
开本：787 毫米 ×1092 毫米　1/16　印张：10　字数：176 千字
2022 年 12 月第一版　2022 年 12 月第一次印刷
定价：**76.00** 元
ISBN 978-7-5074-3559-7
(904567)

# 序

空间形态的建构肌理和场所营造是城市设计研究的核心内容。一直以来，城市的空间密度更多地被作为一种用于计算的变量，反映城市形态的三维物理特征。但它更是一种具有经济和社会属性的人文概念，其定义本身就反映出人们对城市空间的认识方式。我们今天所使用的各种空间密度概念，都是出于解决城市实际问题的需要。本书剖析了现代密度概念出现的意义及对当代城市发展的深远影响，并尝试厘清人类城市发展史中空间密度的呈现事实和发展脉络，文中不乏一些跨界交叉的思考和研究探索。本书的研究成果表明，密度本身就可以成为一种思考城市的视角，即通过密度可以部分理解城市的集聚过程和特征。

城市空间形态是不断演进变化的，人们认识理解城市的思考方式亦与之俱进。城市设计的范型已经从传统的城市设计发展至今天的基于人机互动的数字化城市设计。人们逐步认识到城市复杂性的背后存在着可以量化讨论的科学属性。相比其他可直接采集的信息，城市空间数据的提取有一定难度，因此，较大尺度的空间密度实证研究至今仍然比较缺乏。为此，本书基于大量的空间数据基础处理工作，对上海、纽约两个经典城市案例进行了空间密度分布的实证分析，在这方面有形成一定的突破。受研究工作量的限制，对两个案例的探讨主要定位在城市中观尺度的层面展开，分别是上海的内环范围和曼哈顿岛，研究解释了当代城市密度分布极不均匀的空间状态。在适合的尺度开展对应的研究，是我当时给作者提出的建议，也是城市空间形态研究的一个很重要的前提。

近二十年来，在“数字地球”、“智慧城市”、移动互联网乃至人工智能的日益发展背景下，城市设计的理念、方法和技术获得了全新的发展。数字技术正在深刻改变我们城市设计的专业认识、作业程序和实操方法。本书在探讨当代城市空间密度形成机制时提出了一种多因子影响假说，并借用了统计力学的分析模型进行验证，不失为一种有益的探索。学科交叉的研究方式也是未来城市科学发展的必然要求。

作者刘坤是我的研究生，2011 年攻读硕士学位开始在我的工作室学习深造。其间参与了我主持的一些课题，比如中国工程院 2017 年的重大咨询研究项目《中国城市建设可持续发展战略研究》,同时还参与了若干大尺度的城市设计实践工作，如南京总体城市设计、郑州中心城区总体城市设计等。这些研究项目和工程实践中都涉及空间密度的研究与密度分区的建构，为她的研究选题提供了扎实的基础。本书是她多年研究成果的凝练，希望能为城市空间形态研究同行和广大读者提供一些有益的启发，是为序。

王建国

2022.11.04

# 前　言

人类城市诞生于新石器时代，经过漫长的发展，如今已成为全世界大多数人口的居所。人类开始进入“城市时代”。从20世纪下半叶开始，全球化的发展触发了新一轮城市化的进程。世界城市人口在持续猛增，城市生活所影响辐射的空间范围在不断扩大，前所未有的城市现象不断出现，城市化过程已经从生产的结果转变为再生产的手段。因此，人们需要重新认知资源、物品和信息等要素的集聚方式，并对城市空间的集聚和分异状况作出新的阐释。

本书通过案例解析厘清人类城市发展史中空间密度的呈现事实和发展脉络，提出科技的进步使得现代城市空间密度出现显著的分异特征，各种密度概念相继出现并且对当代城市空间形态产生深远影响。密度逐步演变为城市空间形态的重要属性，并且在未来，新的空间密度概念会随着城市空间形态的变化发展而出现。

通常，密度被认为是一种属性，我们可以通过它来认识城市。但同时，密度也可以成为一种思考城市的方式。本书在第四部分中探讨了将城市看作是一种人的行为所构建的复杂网络的空间载体，并介绍了笔者近年来的一些城市形态研究思考和成果。

本书是笔者多年研究成果的凝练。感谢导师王建国院士多年的悉心指导，并引领我走上学术研究的道路。导师不断突破自我、止于至善的治学精神更一直激励着我。书中也介绍了一些笔者与其他学者的合作研究成果，感谢上海大学计算机工程与科学学院王健嘉博士及其研究生朱浩然、于彤同学的帮助。书中还展示了笔者所指导的上海大学上海美术学院建筑系2015级六名本科生同学的毕业设计成果，感谢薛文劲、丁迪纾、丁嘉欣、陈鹏、吴宣莹、陆芸菲及笔者研究生杨颖同学对这一研究的贡献。

希望本书所探讨的内容，可以为城市空间形态研究提供一些有益的思考。

# 目 录

# 第一部分
# 集聚与城市空间密度



1

城市是一种多元复杂的集合体，与历史、社会这些概念有着共同的特征。人类创造了它，每天生活在其中，但反过来却发现，想要准确地认识它是一件十分困难的事情，因为个体的认知与经验太有限了。通常，我们会选择一个明确的视角来切入分析、构建理解，比如本书所探讨的空间密度。

我在上海天文馆看到过一个太阳系模型，印象十分深刻。它用十分精巧的齿轮结构模拟了太阳和各种星球之间的运转关联，一转手柄，大大小小的齿轮就开始严丝合缝地旋转，整个系统就运作起来。有意思的是，这些齿轮在现实中并不存在，它们只是用来比拟天体之间作用力关系的一种方式，一种完全由大脑空想出来的系统。

而本书所讨论的内容，就如同这齿轮一般。

# 第一章　城市的集聚本质

城市的本质是什么？自20世纪早期城市社会学成为一门独立学科以来，这个问题就一直是社会科学激烈争辩的话题。在过去的百年间，城市研究领域许多重大进展就发生在对城市本质的理论探讨中。

有学者通过研究城市的诞生过程来探究城市的本质。考古学家戈登·柴尔德（Gordon Vere Childe）是第一个综合考古数据并将其与“城市性”（urbanism）联系起来的学者。他于20世纪20年代，通过田野工作和研究推翻了欧洲史前史的考古模型，并借用社会模型来分析考古数据，归纳出十个非常抽象的标准，用于从古老的农村中区别出最早的城市，其中包括“最早的城市比先前任何定居点都大且更加密集”，从而提出了“城市革命”（the urban revolution）的概念。尽管这些标准中的一些被后来的学者认为对于理解城市革命发展本身并非核心因素，但柴尔德的观点还是深刻地影响了之后的城市研究。1967年，城市学家吉迪恩·斯乔伯格（Gideon Sjoberg）在 *Cities*，*a Scientific American Book* 一书中将城市定义为“一个具有特定规模和人口密度的聚居地,保护了大量从事非农业劳动的各色人等，包括精英文化群体”。这一定义指出成为城市的两个必要条件——可储藏的剩余生活资料和书写文字的存在，这是“大量从事非农业劳动的各色人等”赖以生存的支柱和“精英文化群体”从事生产性活动的前提。此外，“城市的产生还需要有一定的社会组织形式来确保为城市中各种专业人士提供持续不断的供应，控制劳动力以完成大规模的公共工程，组织技术专家来发展大宗物资的运输方法，以及推动工具质量和特性上的重要进步”[①]。

城市有着与生俱来的复杂性，因此对于城市的思考往往需要将其置入更为广

① A.E.J 莫里斯．城市形态史——工业革命以前 [M]. 成一农，王雪梅，王耀，田萌，译．北京：商务印书馆，2011：26.

阔的社会语境中，而20世纪初期，占据城市研究正统地位的芝加哥学派正是将城市视为不同社区竞争和演替的场所。罗伯特·帕克（Robert Ezra Park）和学派的其他几位学者鲜明地提出，城市绝不是一种与人类无关的外在物，也不只是住宅区的组合；相反，“它是一种心理状态，是各种礼俗和传统构成的整体，……城市已同其居民们的各种重要活动密切地联系在一起，它是自然的产物，而尤其是人类属性的产物”[①]。随后，路易斯·沃斯（Louis Wirth）提出城市的三个重要特征：人口规模大、人口密度高和人口异质程度高。这使得在城市中催生出一种特殊的都市生活模式以及都市人格。沃斯尝试从理性角度来解释这种差异，即这是基于城市居民对现代城市社会环境特征的条件反射。城里人之所以相对于乡下人对于社会差异更为宽容同时也更加冷漠和不友善，只是为了适应大规模高密度和多元城市社会环境而积累的生活经验。

尽管对城市思考的出发点不同，但以上理论均是将人口在空间上有规模、有组织的集聚作为城市最基本的属性。

城市从诞生至今已走过数千年的历史。长久以来人类散布于世界各地，增长缓慢，陷于“马尔萨斯陷阱”无法自拔。每当生活水平有所改善，人口增长的压力便迫使资源消耗，生活水平下降，于是人口数量减少，如此周而复始。直到18世纪工业革命之后，人类社会第一次摆脱这一循环（尽管世界各地并非同步进行），社会财富的创造首次呈现成倍的增长。城市化（urbanization）的第一次兴起正是始于此。欧美制造业的出现激发了对劳动力的极大需求，拥有几十万人口的城市在煤矿、港口周边迅速崛起。但由于直接受到资源利用和交通可达的限制，这一次城市化浪潮的波及范围有限。“到1950年，全球仅有30%的人口居住在城市，并且这些城市主要集中在发达国家”[②]。

而从20世纪下半叶开始，新的城市化兴起伴随着全球化（globalization）的发展以空前的速度席卷全球。美国学者大卫·哈维（David Harvey）在《后现代的状况》（1989年）一书中提出，“全球化作为一个概念出现大概是在20世纪60年代。伴随着由于现代化的交通和信息通信技术的发展，传统的地理时间与空间被压缩。

① R.E. 帕克，E.N. 伯吉斯，R.D. 麦肯齐 . 城市社会学——芝加哥学派城市研究 [M]. 宋俊岭，郑也夫，译 . 北京：商务印书馆，2012.

② OECD. The metropolitan century: understanding urbanization and its consequences. Paris: OECD Publishing, 2005.

原本相对独立又保持完整的地理单元如国家、区域和地方越来越受到外部力量的影响，社会与经济发展发生转变。”事实上，全球化并不是近几十年才出现的现象，伴随着西方资本主义萌芽、大航海时代和早期殖民扩张的开始，全球化就逐步影响着世界的发展。只是在现代科技支撑下，全球化对人类生活的影响达到了前所未有的广度和深度，以至于很难再在地球上找到一处完全与世隔绝而有人类生存的“世外桃源”。

全球化的发展极大促进了跨国间生产关系的扩张，新的国际劳动力分工随之形成，与制造业相关的规模经济成为城市发展的主要动力。之后，知识的溢出效应和公共设施的吸引成为驱动城市化的有力引擎。新一轮的城市化兴起不仅使原本渐已式微的传统发达国家的城市发展又再次寻得生机，同时也伴随着全球化的发展由发达国家蔓延至发展中国家，直到今天仍在进行。

事实上，发展中国家在追赶世界发达国家的过程中，城市化水平远比收入增长追赶得更快，但城市发展所表现出的含义却有所不同。美国社会学和经济学家萨斯基雅·萨森（Saskia Sassen）在 *Cities in a World Economy* 一书中提到，从 20 世纪 80 年代中期开始，纽约、伦敦和芝加哥等大城市普遍结束了衰落，城市增长的机制为先进生产性服务业比重的提升，以及经济活动的跨国性增加提供保障。而发展中国家的城市增长则主要依赖于城市人口的增加，尤其是移民增加。

世界城市人口经过几十年的增长，到 2016 年，全球的城市化率已达到 54.5%。鉴于世界城市人口的快速增长，联合国人居署于 1996 年宣告“城市时代”的来临。然而仅仅基于人口统计数据来定义“城市时代”的来临，诸多学者对此持不同的看法。美国城市批判理论家尼尔·布伦纳（Neil Brenner）认为这样的判断在实证上具有局限性。不同国家对于城市居住地标准的定义千差万别，基于此的城市人口数据统计自然也存在标准不一的状况。而卢卡斯·斯坦内克（Lukasz Stanek）等人则认为这种基于人口规模实证的、以城市为中心的定义无法涵盖城市化的所有维度，甚至会扭曲当前对城市化的认识。它忽略了所有正在改变非城市空间的城市化过程，大大低估了 21 世纪城市化的全面程度。

早在 1970 年，法国社会学家亨利·列斐伏尔（Henri Lefebvre）就提出了“全面城市化”理论，认为城市化是一个无所不包的过程，跨越时空，全面改变社会，具有全球尺度。他借用原子物理术语对城市化过程作了有力而生动的比喻：内爆（implosion）和外爆（explosion）。前者用于描述人口、活动、财富、货物、物体、工具、手段和思想的集聚的城市现实，后者则用来描述许多分散碎片的投射，例如边缘、郊区、度假屋和卫星镇等。也就是说，“当列斐伏尔在讨论全面城市化时，表达的更多是一种趋势而非既定事实。他致力于把握城市概念的复杂性和矛盾性，城市化作为一种过程，不仅改变了物理和社会经济结构，还改变了日常生产和生活经历。此外，列斐伏尔还揭示了城市化的潜力，首次提出城市化过程作为资本主义关系的再生产手段”[①]。

列斐伏尔还在其《城市革命》（*The Urban Revolution*）一书中探讨了“城市的本质为何”这一经典问题。他主张用正式的逻辑概念和内容的辩证法来理解城市，提出：城市的本质在于中心性（centrality），无论这个中心聚集的是物品、货物、人群，还是其他的什么。城市是一种纯粹的形态：一个相遇的地方，一个集会的地方，一个共时的地方。城市不仅是消费性的，也是生产性的，它把其他地方自然或人力生产的东西聚集到一起。城市并没有直接创造什么，但城市集中了创造，这正是使得城市成为城市的关键。

进入“城市时代”后，“日益多元的城市状况使得城市似乎成为一种漂浮的能指：缺乏明确的定义参数、缺乏形态的一致性、缺乏制图的明确性。城市似乎可以用来指代当前无穷的社会空间状况、过程、转变、轨迹和潜在可能”[②]。因而，对于城市本质的探讨有了新的思考维度。

城市地理学家艾伦·斯科特（Allen J. Scott）提出，当代城市通过集聚产生效率，是作为区域、全国或者全球贸易体系下的经济生产和交换的中心而存在的。当代城市的本质就在于城市的双重地位：作为生产和人类生活的集聚；以及这种集聚在相互作用的土地利用、区位和人类互动三者之间的展开。在这里，“集聚”已经不仅仅局限于人口本身的集聚，更重要的意义在于人类各种生产和生活行为所产生的集聚效应。具体来说，作为公共物品的城市服务被更加有效地利用和共享，更多的就业机会和人才资源使得彼此之间可以更加合理地进行匹配，而密集的正式与非正式的信息交流更能促进学习和激发创新。此外，集聚还是城市的基本粘合剂，把人类活动、社会冲突以及不同的地方政治糅合成一个复杂的城市堆积体。

---

① ŁUKASZ S，CHRISTIAN S，ÁKOS M. Urban revolution now：Henri Lefebvre in social research and architecture. Farnham, Ashgate，2014.

② NEIL B. Theses on urbanization. Public Culture，2013（1）：85–114.

而尼尔・布伦纳则认为伴随着城市化扩展到世界范围的过程中，集聚不仅在不断形成，同时还伴随着扩张、收缩和变形。他主张全球化背景下对于集聚的形成条件和发展轨迹的理解，应当与横跨全球的大规模领土重组，以及劳动力、商品、资源、营养和能源的获取及流动联系起来。某些传统理论中被认为与城市状况无关的社会环境实际上与城市的发展节奏密切相关（例如跨大陆交通廊道、跨洋航线、大规模能源管道和通讯基础设施、地下资源开采，甚至卫星轨道等），这些空间也应当被视为扩张的城市形态的一部分。集聚与扩散，两者辩证地交织在一起，共同架构了“城市时代”的全球城市环境。

# 第二章　集聚是如何被描述的

无论是集聚在一起的人口本身，还是人的行为，都需要物质空间载体。城市的集聚本质会直接投射在城市物质空间的集聚上，形成多样城市的空间形态。当城市面对无限广袤的全球环境时，空间形态上的集聚是绝对的，而分散则是相对而言的。城市空间的集聚并不简单地意味着排布在一起，空间之间的与行为有关的关联性才是集聚形成的重要维系。因此，即便是被认为最为分散的弗兰克·劳埃德·赖特（Frank Lloyd Wright）于1932年提出的广亩城市（Broadacre City）构想（图1），其本质上依然是集聚的、城市的。建立在普及的汽车拥有和高速交通网络基础上的高度可达性，以及具有一定辐射范围的商业服务中心正是广亩城市所体现和依赖的空间集聚方式。

**图1　F.L. 赖特的广亩城市规划构想**
图片来源：FRANK L W. The disappearing city. New York：W. F. Payson，1932.

那么如何来描述或者理解城市的空间集聚状况？空间的集聚程度怎样被度量？

当我们讨论某个城市时，“规模”（scale）往往是最为优先的切入点，比如用地规模、经济规模、人口规模等。特别是人口规模，联合国人居署每年发布全球城市状况报告，人口规模一直是作为划分城市集聚水平的依据。尽管这一点的局限性被以尼尔·布伦纳为代表的研究者所诟病，但作为最广泛统计的城市基本数据，人口规模可以直观地帮助我们对城市空间整体有最初的判断和把握。凯文·林奇（Kevin Lynch）在《城市形态》一书中曾提到，关于城市的许多重大问题的争论都源于城市规模。“极小聚落的不足、庞大聚落的压抑和混乱，还有发展和衰落的剧痛，这些都说明了一个道理，即一个城市就像一个生物体，有一个适当的规模，在那个规模上它会平稳发展。”[①] 这种思想甚至可以追溯到很久远的古希腊时代，诸位先贤也都有过相关的表述。柏拉图（Plato）认为，好的城市应该有由5040[②]个土地拥有者或公民组成的人口。亚里士多德（Aristotle）在其《政治学》（*Politics*）中提出“十人无以立城，十万人则令城不再”。

虽然本身并不涉及物质空间层面，但在经典的城市理论中，人口规模所承载的信息和意义远远超过人口总量这一数值。随着集聚人口的增加，城市的空间集聚过程和方式均会发生质的改变。一个千万级人口的城市绝不是若干百万人口的城市的简单加合。事实上，“量”与“质”的辩证关系不仅存在于物理变化中，在人类的集聚过程中也同样有着深刻的体现。尤瓦尔·赫拉利（Yuval Noah Harari）在《人类简史》一书中，就提出人类和其他动物间的真正区别并不在个体层面，而是在集体层面上——人类能主宰这个星球就是因为他们是唯一一种能灵活有效地进行大规模合作的动物。城市，正是这种大规模合作的产物之一。

2013年6月21日出版的*Science*发表了两篇关于城市规模问题的封面论文（图2），标志着科学界对于城市未来发展的关注。其中，路易斯·贝当古（Luís M. A. Bettencourt）在*The Origins of Scaling in Cities*一文中提出了一个有关城市如何扩大其规模的理论，针对未来评估土地使用及城市规划策略，考虑了诸多社会经济

① 凯文·林奇．城市形态[M]. 林庆怡，陈朝晖，邓华，译．北京：华夏出版社，2001：170.

② 对于柏拉图为何选取这一数值，不同学者有不同的理解。凯文·林奇猜想柏拉图选取5040是出于数理的选择，5040是7的阶乘，而6的阶乘（即720）太小，8的阶乘（即40320）又太大。刘易斯·芒福德则认为柏拉图将理想城市的人口规模限定为一个演说者的声音能涉及的市民总数。

因素，如犯罪率、居民的平均收入及在某特定城市中每年提交的专利数量（这是发明和创新的一个标志）等。他还将城市基础设施——其中包括道路、公共设施及公交路线的布局纳入考虑，并确认了世界各地的适用于数千个处在不同发展水平的城市系统的大量图形和比例关系。该理论还结合了如电信网络、不断变化的土地价格及不同人群持续不断地混合等因素。贝当古应用分形几何和欧式几何来描述这些比例关系，并用电路等类比来解释驱动人口、货物及信息穿越这些基础设施所必需的能量的流动与耗散。他指出，“很明显，城市与其他诸如生物有机体或河流网络等——后者已经通过演化使能量支出最小化——复杂的系统有着根本性的差异”。基于他的新理论，他认为城市规划工作需要注意在人口密度、流动性及社会联通性之间保持微妙平衡。另一篇由“分形城市”研究的代表人物之一——迈克尔·巴蒂（Michael Batty）撰写的文章 *A Theory of City Size* 更为详细地解释了这一理论及其对城市发展的意义。

**图 2 *Science* 发表关于城市规模问题的封面论文**

图片来源：http：//www.sciencemag.org。

用“规模”来理解城市的空间集聚，这些方式本身暗示着一层含义：所讨论的空间集聚是有着明确的范围和界限的。这里的界限，既可以是有实体形态存在的物理边界，也可以是行政管理的理论边界，抑或是存在于居民共同认可的心理边界。而有的边界甚至自身就体现了城市的规模。例如“城市历史研究在缺乏人口数据时，城墙的规模可以作为人口规模的替代变量。城墙既是城市的物理边界，很大程度上也是城市的经济边界，修建城墙的固定成本也决定了城市规模的最低门槛”[①]。

因此，界限是“规模”可以被统计和量度的前提。也正因为如此，用“规模”来理解当代城市的空间集聚状况变得越来越难。列斐伏尔关于“完全城市化”的预言，如今已经在全球意义上成为现实。“城市空间不再简单集中于少数节点或者

① YANNIS M I，JUNFU Z. Walled cities in late imperial China. Journal of Urban Economics，Available online 10 November 2016，ISSN 0094-1190.

局限于特定区域边界范围之内，城市交织于跨越全球的不平衡但是日益联系密切的网络之中”[①]。城市的物理边界彻底消失了，即使是那些历史城市中被完整保存下来的城墙也失去了原有边界的意义；理论边界仅仅被用来维持基本的行政管理，对城市空间形态的影响越来越弱；心理边界似乎在渐渐消融，然后又重新建立，只不过不是在现实的三维空间，而是在更为广泛联系的网络空间范畴中。我们很难再看到城市与非城市之间有绝对的边界。城市空间的集聚之于非城市空间来说，更像是山峰之于周围的地貌，很难画出一条界线，把它与周围环境分割开来。

城市空间与非城市空间这样对人类聚居地的传统二元划分法已经逐渐被城市研究学者所摒弃，新的城市状况需要新的空间分异术语来描述定义。例如瑞士城市研究机构 ETH Studio Basel[②] 在其研究成果——瑞士的“城市肖像”中，就尝试对城市空间景观进行重构，用都市区（metropolitan regions）、城市网络（networks of cities）、安静区域（quiet zones）、阿尔卑斯度假区域（alpine resorts）、阿尔卑斯休耕地区（alpine fallow lands）这样的空间术语来体现产业、劳动力和自然环境之间互相对立又互相联系的空间发展过程。

同样，在城市与非城市的边界日渐模糊的状况下，如何来阐释城市空间的集聚状况？“密度”可以提供一种有效的思路。本质上，“密度”可以被理解为单元空间范围内的“规模”。相比于“规模”这种单一变量，“密度”是一个复合变量。增加的一个变化维度就是单元空间范围—— 一种人为界定的、灵活多变的界限概念。根据所选择的单元空间范围的大小不同，“密度”可以在不同的精度上表达变量。当单元空间范围选取得足够小[③]时,“密度”就可以用类似微积分的方式对城市物质空间的范围进行量化表达。不仅如此,单元空间之于城市整体空间,如同原子之于物体，各单元空间的量值大小及彼此之间的相对关系还可以体现出城市空间整体所呈现的状况及其内在构成方式，使城市空间的集聚程度可以被剖析、被解读。

另一方面，我们今天所普遍使用的描述城市空间密度的概念均是现代城市出现之后的产物。这意味着当代城市空间的某些状况与密度息息相关，需要通过抽象的概念使得空间的密集程度可以被定量化地描述和分析。同时也表明密度

---

① NEIL B. Theses on urbanization. Public Culture，2013（1）：85–114.

② 依托苏黎世联邦理工学院，于 1999 年建立。

③ 这里的“足够小”是一个相对的概念，是相对于城市空间整体来说。

不再仅仅是城市空间形态的一种属性，而逐渐成为对当代城市形态形成过程产生重要影响的要素本身。因此，对于城市空间形态密度的研究也随之兴起。比如从 20 世纪 60 年代开始，英国学者莱斯利·马丁（Martin L）和列涅尔·马奇（March L）运用数学方法分析比较了“周边式”与“亭子式”两种城市街区形态，推翻了人们对于“周边式”布局无法达到较高容积率的论断。荷兰 MVRDV 城市研究室也一直活跃在与密度相关的研究领域，擅长用抽象化和推演式的定量研究探讨理想状态下城市形态的密度极限。荷兰学者梅塔·格豪泽·庞德（Meta Berghauser Pont）结合四种空间密度指标提出“空间伴侣”（spacemate）和“空间矩阵”（spacematrix）的概念，建立了一种评价建筑密度与城市形态关联性的研究方法。

相较于城市形态其他要素，国内外学界对于密度的研究尚未充分全面，这与空间密度数据获得的难度较大不无关系，也显示出对于城市形态的密度研究仍有巨大的未知领域有待探索。

密度并不能解释城市的全部，但可以从一个侧面阐释城市物质空间形成与集聚的过程及特征。作为一种对于任何城市形态都具有纵向和横向可比性的研究度量，以密度作为切入点对城市形态进行研究，可以帮助我们理解漫长的城市发展进程中，人类的空间集聚行为是如何发生、发展，以及在“城市时代”的当下和信息化时代的未来，又将会产生怎样的变化。

# 第三章　城市空间密度

本书所讨论的城市空间是广义的，可以理解为城市生活的各项行为活动发生的场所，也可以理解为城市建成环境在水平和垂直方向上所占据的空间，既包括城市中的建筑空间，也包括城市外部空间。城市形态首先涉及的是城市空间最为基本的三维物理属性，即通常意义上的长度、宽度、高度。这三个变量均是单一变量，即城市空间与生俱来的特性，是通过测量可以直接得到的变量。而面积、密度等则是复合变量，是需要通过人为定义的公式运算得到。

密度（density）原本的物理意义是物质单位体积内的质量，可以引申到很多领域，原则上表达研究对象在一定时空单元内的集聚程度。城市空间密度作为一种物理属性，伴随着城市空间的形成而存在。但同时，密度也是一种具有经济和社会意义的文化属性，密度概念的定义本身反映了人对城市空间的理解和使用方式。因此，根据人为定义的公式的不同，用来表达城市空间的密度变量有很多。本书选取以下三个学术界常用的密度概念来作为主要的研究变量。

## 容积率（*FAR*）

容积率的概念源自于英文语境中的 Floor Area Ratio[①]，具体是指总体的建筑面积与其所占用的基地面积的比值，计算公式如下：

$$FAR=\frac{A_b}{A_l}$$

① 事实上，我国在实际使用中的容积率的概念更加准确的对标应当是 Floor Space Index（*FSI*）。Floor Area Ratio（*FAR*）和 Floor Space Index（*FSI*）是两个十分相近的概念，它们的计算公式基本相同，唯一的区别在于后者直接采用“比值”的计算结果，而前者属于“比率”的概念，需要换算成百分率。即当总建筑面积为基地占地面积的 1.5 倍时，用 *FAR* 表示应当是 150 或者 150%，而用 *FSI* 表示则是 1.5。二者在美国地区均有使用，也存在相互混淆的情况。因此，本文将依照我国业界常用术语习惯，用 *FAR* 来指代容积率，但计算结果表达采用比值而非比率。

公式中 $A_b$ 为地块内总的建筑面积，$A_l$ 为用地面积。

最早的容积率概念是 1957 年由美国的芝加哥城市率先提出和使用的，随后被纽约的分区条例所采用，并进一步推广流行起来。纽约市于 1916 年提出了最早一版的区划条例（zoning resolution），也被认为是全世界第一部综合性的区划条例，其目的之一就是有效防止高层建筑物阻挡过多的光线和空气。这一版的区划条例试图通过调整摩天楼的高度和后退要求来控制建筑物的大小。“到了 1961 年，在对区划条例的修订中引入了容积率（*FAR*）的概念。1961 年之前建成的建筑物，往往拥有今天无法企及的容积率，例如帝国大厦的容积率为 25，这意味着它可以获得比同一地段的新建筑物所奢望的更多的租金”①。

可以说，容积率是“形态追随金融”的产物，因为在有限的地块范围内建筑面积的多少直接决定了项目的经济收益。这也是容积率的概念会诞生在芝加哥和纽约这样的地产经济发达、摩天楼林立的城市的原因。

## 建筑密度（*BCR*）

建筑密度（Building Coverage Ratio）在我国城市规划术语中，指一定地块内所有建筑物的基底总面积占用地面积的比例。计算公式如下：

$$BCR=\frac{A_c}{A_l}\times 100\%$$

公式中 $A_c$ 为地块内总的建筑基底面积，$A_l$ 为用地面积。

建筑密度并非一个国际通用的概念，实际上表达的是建筑基底的覆盖率。但在我国城市规划管理体系中，建筑密度却是一项十分重要的指标，特别对于居住用地。建筑密度主要取决于建筑物的排布组合形式，受气候、地形、防火、防震等条件的制约较大。在我国于 1980 年颁布的《城市规划定额指标暂行规定》中，就对居住区的建筑密度提出了指导性的要求——四层一般可按 26% 左右，五层一般可按 23% 左右，六层不低于 20%。随着社会经济和城市建设的发展，这项标准已经不再具有指导意义，但在各城市现行的控制性详细规划中，建筑密度仍是必

① WILLIS C，WARD D，ZUNZ O，eds. “Form follows finance：the empire state building”. Landscape of modernity：essays on New York City，1900–1940. New York City：Russell Sage Foundation：181.

须提供的综合性经济指标之一，因为这一指标是控制城市土地利用和保证城市开放空间的有效手段。

## 平均层数（*AS*）

关于平均层数（Average Storeys），在我国的城市规划术语中并无相关概念。本文的研究将平均层数定义为一定地块内所有建筑物的总建筑面积与基底总面积的比值。计算公式如下：

$$AS=\frac{A_b}{A_c}$$

公式中 $A_b$ 为地块内总的建筑面积，$A_c$ 为地块内总的建筑基底面积。

相对于前两个变量，平均层数是一个相对更加抽象的概念，既无法用感观直接体验，在规划管理和设计中也并无实际意义。只有在某些住宅商业开发中，会涉及一个类似的提法“住宅平均层数”，以此来描述居住区的基本类型——以多层建筑为主，抑或以高层建筑为主。但在本文的研究中，平均层数却可以用来描述一定地块内建筑空间在垂直方向上的堆叠状况，也是空间集聚程度的一种体现方式。

## 变量比较

本书根据研究需要所选取的三个研究变量，既有建设实践中的常用计算指标，也有纯理论研究需要的抽象概念。以图 3 为例，三个变量各自所表达的结果如下：

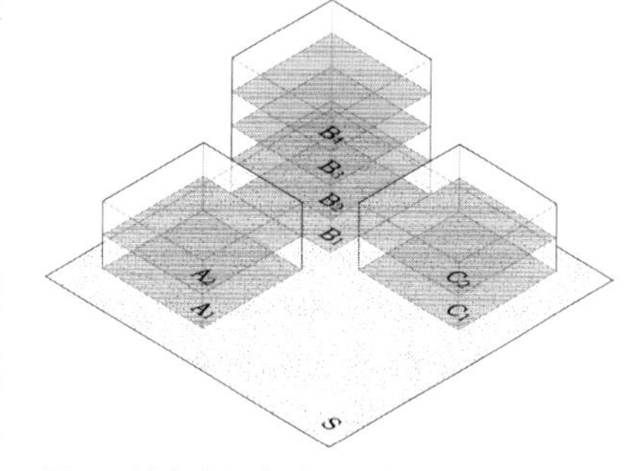

图 3　城市空间密度研究变量的图示表达
图片来源：笔者自绘。

$$FAR=\frac{(A_1+A_2)+(B_1+B_2+\cdots+B_4)+(C_1+C_2)}{S}$$

$$BCR=\frac{A_1+B_1+C_1}{S}\times 100\%$$

$$AS=\frac{(A_1+A_2)+(B_1+B_2+\cdots+B_4)+(C_1+C_2)}{A_1+B_1+C_1}$$

图中 $A_1$，$B_1$，$C_1$……分别代表各层的建筑面积，$S$ 为用地面积。

依据概念定义的不同，这三个变量分别从不同的角度诠释着建筑空间在城市空间内的集聚程度。容积率（*FAR*）反映的是单位用地面积内容纳的可以被使用的建筑空间总容量，是与城市空间经济属性直接相关的变量；建筑密度（*BCR*）体现的是单位用地面积上被建筑空间占据的地表面积，是保障城市外部公共空间和开敞空间的重要控制变量；平均层数（*AS*）则是某一地块内建筑空间总容量在垂直方向上的堆叠程度。三个研究变量之间具有一定相关性，即存在以下关系：

$$AS=\frac{FAR}{BCR}$$

一个值得注意的问题是，城市空间虽然是三维的，但这三个研究空间集聚程度的变量计算公式中所涉及的相关变量却都是二维的面积。这就意味着在这里，平面投形的面积是代替空间使用体积的当量（图 4）。

事实上，就目前的科技水平而言，人类的空间使用依旧是处于与重力相抗衡的阶段——无论是对于城市空间还是建筑空间而言，其使用权和所有权都被固定在其平面投形所相对应的二维平面上的。全世界的土地权属范围都包括地块垂直向上延伸的三维空间（在有的国家还包括地块所属的地下矿藏等资源）。在特定的情况下，有的国家或城市会对土地所对应的三维空间使用范围进行限定，最常见的如限定空间高度。此外，比较特别的如纽约等美国城市的区划条例中对于高层建筑的高度和后退要求，以帝国大厦、克莱斯勒大厦为代表的向上退台式摩天楼形象正是这种限制下的产物（图 5）；还有日本建筑基准法中针对日照标准的规定，也是众多日本私人住宅如切蛋糕般的外表形态的来源（图 6）。

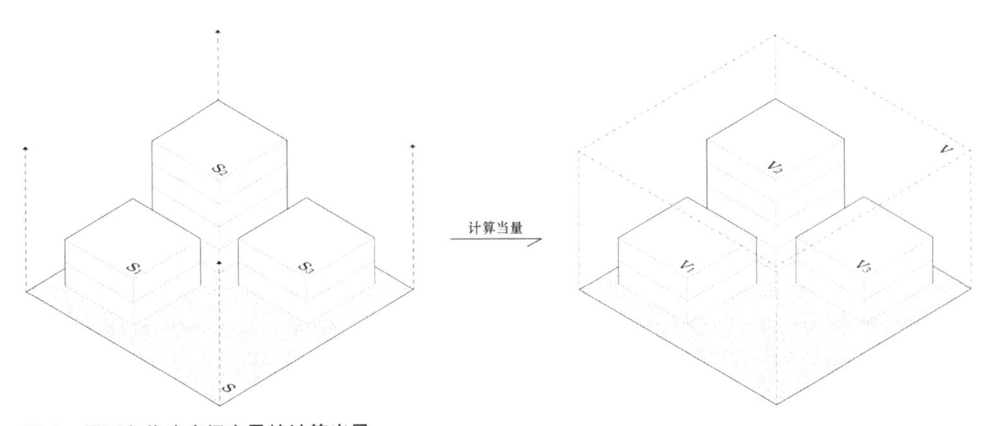


**图 4　用面积作为空间容量的计算当量**

图片来源：笔者自绘。

**图 5　左:《纽约市 1916 版区划条例》对于高层建筑形态的控制；右：退台式高层建筑代表——克莱斯勒大厦**

图片来源：左：KAYDEN J，New York Department of City Planning，Municipal Art Society of New York. Privately owned public space：the New York city experience[M]. New York，NY：John Wiley & Sons，2000；右：https：//www.williamlong.info/google/archives/762.html。

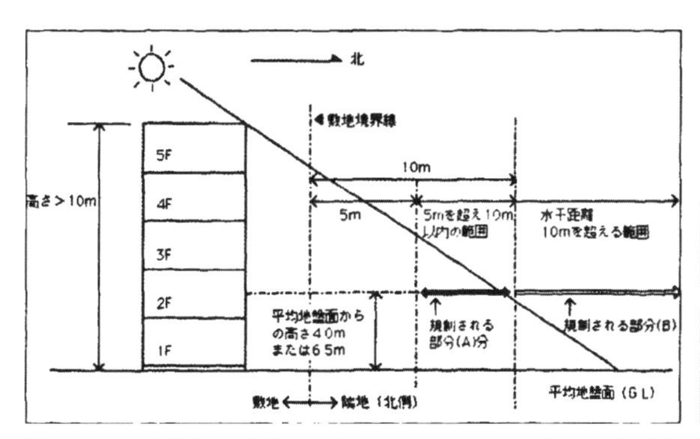

**图 6　日本建筑基准法关于日照标准的图解及对住宅建筑形态的影响**

图片来源：左：张播，赵文凯 . 国外住宅日照标准的对比研究 [J]. 城市规划，2010，34（11）：70–74. 右：http：//www.360doc.com/content/12/0619/20/9913859_219276941.shtml。

但不论是何种限制规则，都是将三维空间的所有权锁定在与其关联的土地上，没有任何空间的使用可以脱离地块而存在。这也正是为什么在容积率和建筑密度的计算公式中，作为分母的是用地面积的原因。这一点看似再正常不过，但已有先锋的建筑创作和构想在打破这样的思维定式。比如在库哈斯所做的西雅图中央图书馆设计中，大体量的倾斜楼面正在打破传统建筑空间的“层”的概念，使得

**图 7 建筑电讯派提出的“行走城市”构想**
图片来源：https：//www.accupass.com/event/2011130902211970083723。

对建筑空间的利用不再单纯地依附在楼板之上。英国的先锋学派建筑电讯派( Archi Gram ) 早在 1960 年就曾提出“行走城市”( walking city ) 的概念 ( 图 7 )，使得对城市空间的塑造和利用完全可以脱离土地的束缚。在众多的科幻电影中，对未来城市场景的设定和想象也充分体现了人类对于挣脱重力约束、对地表之上的空间进行自由支配的渴望。

另一个有趣的现象是，容积率和建筑密度作为在建设实践中被广泛使用的经济技术指标，它们的提出都是为了抑制导致这一指标过高的密集建设行为。尽管也存在对这两个指标提出下限的控制要求的情况，但基本上对于土地和基础设施的高效利用的同时本身就可以达到这样的目的，因而在现实中更多的是对指标提出上限的控制要求。这也从某个侧面反映出人们对于城市空间密度的一种微妙心理：人类本能的欲望在追求空间的集聚，但又在时刻提防集聚超过自我能力可控的范围。

# 第四章　既有的城市空间密度研究

上文提到的这些密度概念都是人们用来描述和定义现代城市空间形态特征的产物，但是对于前现代的城市，这些密度特征也同样存在。千百年来，全世界的城市呈现出各种各样的形态，并随着人类社会的发展而不断变化。密度，作为城市空间的一个物理属性，自城市诞生之日起就“默默”存在着。之所以称为“默默”，是因为在历史上的城市形态讨论中，形式、结构一直占据着主角的位置，密度却鲜见踪影。直到现代城市空间讨论，密度才从“幕后”走到“台前”。

对于定量化的研究来说研究变量固然是重要的组成部分，但更为重要的是研究的切入点和视角。前者是手段和过程，而后者才是目标和结果。在有关城市空间密度的定量研究中，无论是选择何种研究变量，最终都离不开对于城市空间形态本身的探讨，或是对现有形态的剖析，或是理想模式的提出。下面将与城市空间密度有关的既有研究进行简要的整理和分析。

## “周边式”与“亭子式”之争

这里的“周边式”和“亭子式”均是针对街区建筑形态较为通俗的说法。“周边式”，顾名思义指的是建筑沿街区周边围合排布，是欧洲传统城市中最常见的街区形态，如巴黎老城；“亭子式”则是建筑以独立高层的形式布置于街区中，以曼哈顿（Manhattan）的高层建筑群为代表（图 8）。后者作为现代城市的典型形象，一直以来都被人们直觉地认为是高密度的象征，可以拥有“周边式”城市形态无法企及的容积率。

20 世纪 60~70 年代，英国剑桥大学的莱斯利・马丁和列涅尔・马奇运用数学方法对这两类街区形态展开研究，推翻了人们对于“周边式”街区形态无法达到较高容积率的印象，以及不适应现代城市的论断。在 *Urban Space and Structures* 一书中，两位研究者用理想状态下的模型进行对比分析。“亭子式”的布局方式，其建筑形态抽象为底层裙房加高层塔楼，而“周边式”的布局方式，建筑形态抽象为围合成封闭庭院的多层建筑组群。二者的建筑底面积之和相同，均为整个基地的一半，也就是说两种排布方式的建筑密度（*BCR*）均为 50%。在这样的假设下，研究者通过计算得出当二者达到同样的建筑总面积，即二者获得相同的容积率（*FAR*）时，“周边式”的建筑高度约为“亭子式”的三分之一。同时，相较之下“周边式”布局所形成的建筑空间和开放空间相对更加完整。从而得出结论——“合理尺度下的‘周边式’街区不仅能够达到‘亭子式’街区布局的密度，还比后者更能营造出开敞、宜人的空间感受”[①]。更进一步，研究者将这一抽象模型在纽约进行模拟置换，选取了北起 57 号大街、南至 42 号大街、西起第八大道、东至公园大道的区域，尝试用“周边式”的布局方式来替换现实中的“亭子式”布局，两者相比，在对土地的有效利用上“周边式”布局似乎更胜一筹。

莱斯利・马丁和列涅尔・马奇应当是最早通过数学计算的方法来探讨城市空间容量和城市形态的研究者，并且得到与人们的日常印象大相径庭的结果，打破固有偏见，使人们认识到“周边式”布局也可以达到很高的空间容量并且对土地更加高效地利用。但需要指出，两位研究者在抽象模型的建立中存在一定的逻辑缺陷。比如在“亭子式”布局的抽象平面图中可以清晰地看到道路与街区的概念，而在“周边式”布局的抽象平面图中，道路并不存在，进而也不存在街区的概念。“周边式”布局之优势所在的完整而宽阔的开放空间中有很大一部分应当是道路空间，并且各个闭合的建筑组团之间无法连通。也就是说，“周边式”布局抽象模型的空间拓扑关系与“亭子式”布局是截然不同的，也不符合实际城市的空间状况。当然，这个缺陷可以通过将部分“周边式”建筑底层架空形成通路的方式来解决，但这样的做法只适合于几个小街区所形成的小型区域，绝不适合抽象模型所模拟的中观尺度的城市范围。正如他们在对纽约的模拟分析中，横向的道路全部缺失，显然是不符合对比逻辑的。事实上，用纽约这样的世界金融中心城市来做模拟实验本身体现出两位研究者对理论的信心，但并不是一个很好的选择，模拟结果中“周边式”庞大的街区显然不符合土地市场灵活租售的需要。

另一方面，在两种布局方式的抽象模型对比中，两位研究者认为“周边式”布局的优势在于建筑空间和开放空间相对完整。这显然是基于“图底关系”理论

① 王建国．基于城市设计的大尺度城市空间形态研究 [J]. 中国科学（E 辑：技术科学），2009，39（5）：830–839.

**图 8 "周边式"与"亭子式"街区形态的典型形象**
图片来源：左：http：//k.sina.com.cn/article_6440098382_17fdcla4e001002jim.html；右：https：//m.sohu.com/a/218130933_99898597/。

所作出的判断。但"图底关系"理论本身就是针对传统城市形态的一种二维形态分析方法，用这一理论来支撑"周边式"布局的优越性不免有失偏颇。

即便如此，笔者依然认为莱斯利・马丁和列涅尔・马奇的这一研究对于城市空间形态研究具有十分重要的作用。不仅因为他们的研究是最早的关注城市空间容量的研究，更重要的影响在于引入基于抽象模型的定量讨论。尽管没有明确提出，但在其研究中已经涉及有关城市空间密度的探讨。从城市空间容量的视角来分析理解城市空间形态，正体现了这样的判断——隐含在空间容量背后的经济力量是驱动现代城市发展的核心动力。虽然莱斯利・马丁和列涅尔・马奇的这一研究在结果表达上偏向保守，但研究视角和分析方法还是十分具有前瞻性的。

## FARMAX-Excursions on Density

讨论关于城市空间密度的研究，荷兰的 MVRDV 城市研究室是一定会被提到的。他们关注城市空间密度，并将对密度的理解和追求贯彻到城市和建筑空间的设计实践之中，形成一种源自密度的美学追求。

事实上，这种"密度美学"并非 MVRDV 所独有。荷兰作为世界上平均人口密度最高的国家，土地资源紧张，还需要面临海拔低于海平面的困扰。长久以来的土地紧缺使得荷兰本土的建筑师普遍有着对高密度的推崇，雷姆・库哈斯（Rem Koolhaas）可以称得上这方面的领军人物，从其两本主要的城市思想著作《癫狂的纽约》（*Delirious New York*）、《大跃进》（*Great Leap Forward*）中可见一斑。作为 MVRDV 核心成员之一的威尼・马斯（Winy Maas）曾在大都会建筑事务所

（OMA）工作多年，深受库哈斯影响。同库哈斯一样，MVRDV也对亚洲城市，特别是东亚地区高密度城市的兴趣浓厚，并有着深入的研究。

MVRDV城市研究室最早的专注于密度主题的研究发表是1998年的*FARMAX-Excursions on Density*一书。书名中“FARMAX”一词的意义是将人口进行垂直向和水平向的压缩以便为人们提供更多空间。开篇部分，研究者对“密度”进行了限定——Density：the amount of available space per person，即密度是每个人可用的空间总量。从这一定义可以看出，研究者在对“密度”本身的理解中，不仅体现了城市中物质空间的集聚程度，“available”一词更是将人的使用行为与这种集聚现象联系起来，使“密度”的含义更加具有可感知性。当然，在具体的量化分析中，研究者仍采用的是世界范围内普遍理解和接受的容积率（*FAR*）的概念作为研究变量。

MVRDV在书中采用抽象模拟和推演式的定量研究方法，通过限定参数下的各种建筑形态的对比，探讨提高密度的方法。研究将建筑形式分为行列式、围合街坊式（对应上文的“周边式”）和塔式（对应上文的“亭子式”）三种。同时在剖面设计上采用功能混合方式，将对采光要求最高的居住空间布置在建筑的最上部，往下依次为办公空间、商业空间和停车空间（图9）。在占地面积相同的前提下，当满足一定的日照及防火等限定参数[①]时，可以产生如图10中所示的排布结果。其中，左侧两列为纯居住功能的排布方式，右侧两列为混合功能的排布方式。由于限定参数的存在，不同的建筑高度和体量需要对应不同的建筑间距。

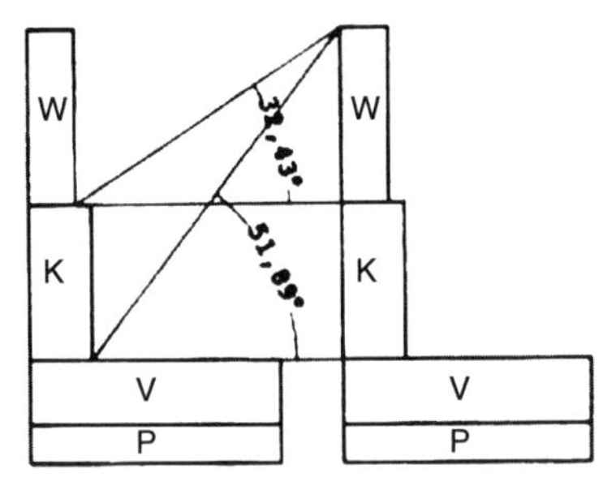

**图9 研究模型剖面设计中体现的功能混合**
图中W代表居住空间，K代表办公空间，V代表商业空间，P代表停车空间
图片来源：MVRDV. Farmax：Excursions on Density[M]. 010Publishers，1998。

进一步地，研究者通过计算对多种排布方式下容积率与建筑层数之间的关系进行推演，得到图10所示的函数关系图。通常在理想状态下，

---

① MVRDV在研究计算时参照荷兰的相关住宅和办公建筑规范，按照如下参数进行设定：住宅建筑——a. 层高2.7米；b. 建筑进深15米（保证两个方向都有阳光照射到）；c. 每70平方米的建筑面积配有1个停车位，面积为30平方米；d. 从3月21日至9月21日，主要房间每日要满足三小时的直接日照，东西向住宅的太阳高度角不高于32°，南北向住宅的太阳高度角不高于38°。办公建筑——a. 层高4米；b. 建筑进深20米；c. 每80平方米的建筑面积配有1个停车位，面积为30平方米；d. 东西向和南北向的太阳高度角均不高于52°。

某一特定地块内建筑的层数越多，容积率越高。但由于受到限定参数的影响，当建筑层数增多时，建筑高度增高，建筑间距也相应地需要增大，建筑的幢数就会减少，所以容积率并不会无限制地增长。结果表明，当存在限定参数时，所有的建筑排布方式都存在容积率的上限值，且当建筑层数增多到一定程度后，容积率的变化会放缓并无限趋近于某一特定值。行列式和围合街坊式布局的容积率都是随着建筑层数的增多而增大，且建筑层数超过 30 层后，容积率的增长基本趋于平缓。而塔式布局的容积率存在一定峰值，即建筑层数达到一定程度时（计算结果显示在 10 层左右），容积率可以达到最高，之后容积率反而会随着建筑层数的增多而降低。在同一地块上，“L”形半围合街坊式且功能混合的建筑布局能够达到的容积率最高，可以接近 14.00，而塔式纯居住功能的建筑布局可获得的最高容积率只能达到 2.00 左右（显然，限定参数中的配套停车占用了大量的地面空间）。

从图 10 中还可以看出，行列式和围合街坊式的建筑布局能达到的容积率普遍高于塔式布局。这一结论也与莱斯利・马丁和列涅尔・马奇的研究结果相符。与研究前辈相比，MVRDV 在模型的建立时加入了对功能的考量以及符合实际建筑规范要求的限定参数，使得研究模型更接近于真实的城市建筑空间环境，同时量化研究的精度也更高。通常在建筑设计过程中，繁琐的程序和各种规范的限制经常使建筑师不得不作出设计构思上的让步与妥协，而在 MVRDV 的观念中，这种限制是可以被利用和解决的，他们提出了一个“数据景象”（datascape）的概念。即在具体的设计实践过程中，将各种制约因素作为建筑形态组成的一部分信息，

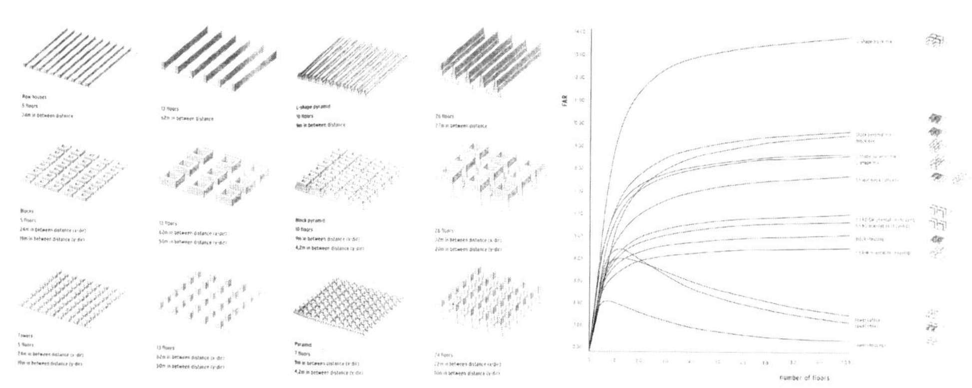

**图 10　左：占地面积相同情况下多种类型建筑布局形式的模型推演；右：不同建筑布局形式的容积率与建筑层数之间的函数关系**

图片来源：MVRDV. Farmax：excursions on density[M]. 010 Publishers，1998。

通过计算机转换处理为数据并绘制成图表，这样既取得了直观的景象结果，也使建筑师更容易理解并处理影响建筑最终生成的各种因素。

运用“数据景象”的操作方法时，限定参数的选择在很大程度上决定了研究结果的走向。在 *FARMAX* 的研究中，MVRDV 试图探索限定参数下的城市密度和形态可能。然而限定参数中每 70 平方米的住宅建筑面积或者每 80 平方米的办公建筑面积就需配有 1 个面积为 30 平方米的停车位，这样的停车空间配备标准显然是将私家车作为主要的交通方式，而这一点在根本上就背离了高密度城市形态需要依赖大运量公共交通的内在逻辑。并且模型中无地下空间利用的设定，从而造成结果中纯居住功能的形态无法达到较高的容积率，因为地块被大量的停车空间所占据。这可以被认为是模型设计上的一点瑕疵，但也从一个侧面验证了混合功能的土地利用更加高效的结论。

MVRDV 认为“随着城市化的进行，城市政策会鼓励对已有的城市中心进行进一步的改造。结果，我们需要对城市核心地块进行更好的开发和更新，这便是城市密度的由来”[①]。也就是说，他们所关注的并非是全部的密度，从一开始，他们就将高密度条件下城市与建筑的可能形态与变化作为研究的目标。可以说，在 MVRDV 的研究中一直体现着一种对极限的探索和追求。威尼・马斯在 *FARMAX* 一书中写道“如果‘研究’是为了‘发展’，那‘假设’就是解决它的最有效方法。想要理解这种‘大量’（massiveness）的现状，我们不得不将它推向一个界限，并采用这种‘极限化’（extremizing）作为一种建筑研究的方法。假想一个可能的最大化（maximization），社会将以严密的逻辑所建立的戒律和程序面对它”。这一点也是 MVRDV 建筑思想的重要部分。

## “空间伴侣”与“空间矩阵”

代尔夫特（Delft）大学教授庞德同样是使用函数关系图的方式来对城市空间密度进行研究。与前人研究所不同的是，MVRDV 主要针对形态模式的容积率（*FAR*）和建筑层数（number of floors）两个变量来进行讨论，而庞德是将建筑容积率（*FSI*）、覆盖率（*GSI*）、平均层数（*L*）和开放空间率（*OSR*）四个密度指标综合起来对不同的空间形态模式进行描述与分析。这些指标的定义如下（表 1）：

---

① 程俊，秦洛峰 . 阅读《FARMAX》[J]. 建筑与文化，2010（3）：104-106.

她将这四个空间密度指标共同称之为“空间伴侣”，并建立了一套名为“空间矩阵”的空间密度坐标系。这样的研究避免了使用单一密度指标描述城市空间密度状态的局限性，直观地显示出不同空间密度指标值所限定的城市形态特征。在“空间矩阵”中，某一点的坐标值所代表的空间形态是相对明确的。

反之，同一类型的空间形态坐标点在“空间矩阵”中也分布在一定的区域内。如图 11 所示，八种不同的空间形态类型在“空间矩阵”中形成八片相对集中的区域。这八种类型由低层、多层、高层、带状、点式、围合街区、开放、宽敞、紧凑等不同形态类型相互组合而成。

庞德的“空间伴侣”与“空间矩阵”仍主要是基于荷兰城市语境的空间形态样本研究，延续了荷兰城市和建筑研究中一贯的以模式推演和归纳总结为核心的思路及传统。其创新之处和重要影响在于提出由密度综合指标来对形态进行描述分析的方式，对本书的研究有重要的启示作用。

## *a+t* 研究组的密度研究

*a+t* 研究组成立于 2011 年，由 *a+t* 建筑出版社[①]总编奥罗拉·费尔南德斯（Aurora Fernández Per）和建筑师哈维尔·莫扎斯（Javier Mozas）（同时也是杂志社的编辑顾问）组成，主要关注的建筑学主题包括集合住宅、密度、混合功能和公共空间等。

*a+t* 研究组从 20 世纪 90 年代末开始进行有关密度的研究。由于建筑出版出身的缘故，他们的研究主要立足于实际建成的典型案例，特别是欧洲及亚洲的集合住宅项目，擅长用建筑图示语言来表达有关数据统计以及建筑空间形态的分析。研究的主要数据除了项目占地面积、总建筑面积、建筑密度、容积率这些空间指标外，还包括住宅单元个数、停车位个数、人口密度（人 /ha）、住宅单元密度（个 /ha）等。对于功能混合的项目，还会统计各功能空间的配比，分为零售（shopping）、工作（working）、居住（living）及其他（other uses）四类，有的项目研究还涉及建设成本、施工细节及可持续发展策略等。

该研究组最新发表了一项有趣的研究成果 *50 Urban Blocks*。这是一套工具卡片式的理想街区模式探讨研究，一共包含 50 种典型的街区形态模型（图 12）。

---

① *a+t* 建筑出版社于 1992 年在西班牙成立，是独立的建筑出版机构。

**“空间伴侣”四个密度指标变量的定义及计算公式　　表 1**

| 指标 | | 代码 | 计算公式 | 计算变量说明 |
|---|---|---|---|---|
| 建筑容积率 | Floor Space Index | *FSI* | $FSI_f=F/A_f$ | *F* 为建筑总面积<br>*B* 为建筑基底面积<br>$A_f$ 为基地总面积 |
| 覆盖率 | Ground Space Index | *GSI* | $GSI_f=B/A_f$ | |
| 平均层数 | Number of Floors | *L* | $FSI_f/GSI_f$ | |
| 开放空间率 | Open Space Ratio | *OSR* | $OSR_f=（1-GSI_f）/FSI_f$ | |

资料来源：AKKELIES V N，PONT M B，MASHHOODI B. Combination of space syntax with spacematrix and the mixed use index. The Rotterdam South test case[C]. Proceedings：Eighth International Space Syntax Symposium，2012。

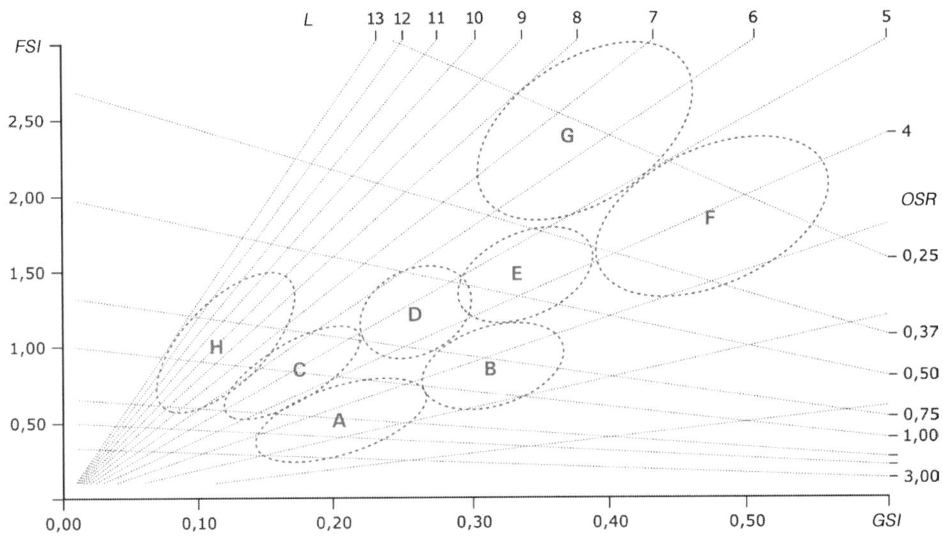


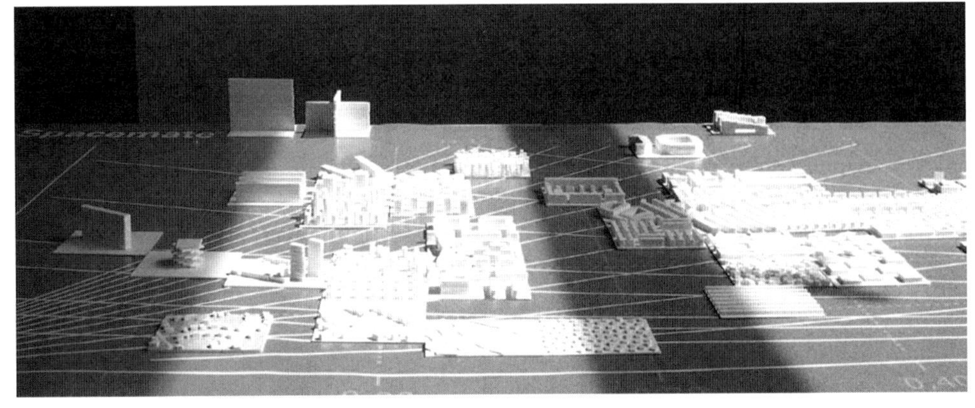

**图 11　通过“空间矩阵”来对不同空间形态类型进行描述划分**

图片来源：PONT M B，HAUPT P. The spacemate：density and the typo-morphology of the urban fabric[J]. Nordic Journal of Architecture Research，2005，4：55-68。

研究设定的街区单元为边长 100 米的正方形，每张卡片正面显示街区形态的平面图，背面为三维的轴测图，同时标注出此形态类型的各种空间数据。其中，建筑密度和容积率作为最主要的两项指标显示于卡片顶端的标尺图中。同时，研究者还对这两项密度指标进行了等级划分（表 2），采用对密度区间定值等分的方式，共分为四级：较低（poor）、一般（moderat）、较强（intence）和极强（extreme）。

**图 12**　*50 Urban Blocks*
图片来源：https：//aplust.net/tienda/otros/Serie%20Densidad/50%20URBAN%20BLOCKS/。

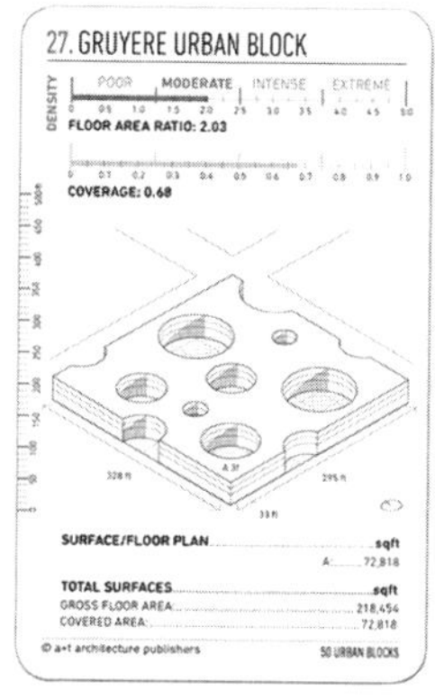


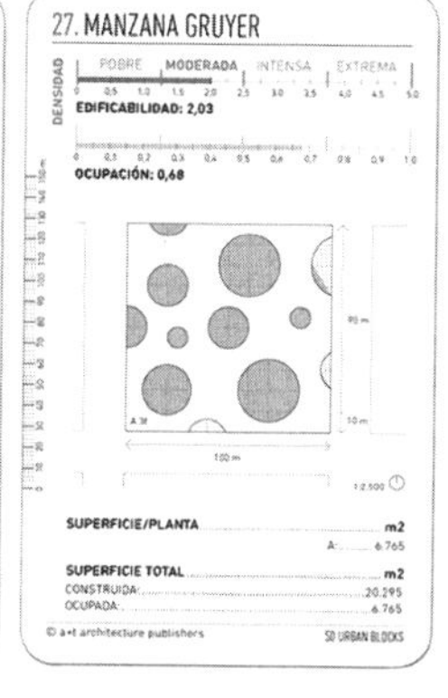


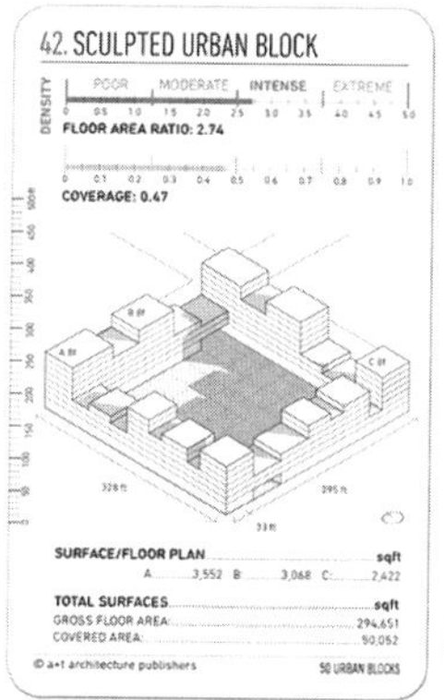


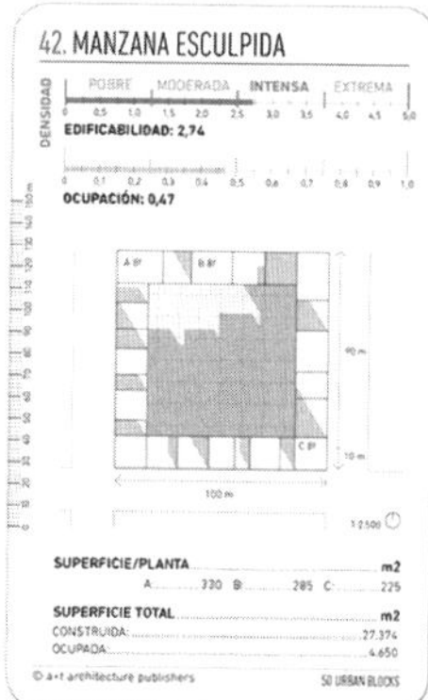


***50 urban blocks* 研究中对密度的等级划分**　　表 2

| | POOR<br>较低 | MODERAT<br>一般 | INTENCE<br>较强 | EXTREME<br>极强 |
|---|---|---|---|---|
| Floor Area Ratio<br>容积率 | 0~1.25 | 1.25~2.5 | 2.5~3.75 | 3.75~5.0 |
| Coverage<br>建筑覆盖率 | 0~0.25 | 0.25~0.5 | 0.5~0.75 | 0.75~1.00 |

图表来源：笔者自绘。

尽管这里的典型形态模型也是理想街区式的模拟，但可以看出是对特定实际案例的抽象与简化。与 MVRDV 在 *FARMAX* 研究中的理想空间模型相比，尺度更加趋近建筑尺度，形态更加具象且多样，因而可以产生更多空间细节上的讨论，例如占用城市街区的选择，对土地利用的反思，组织空间的策略以及实体空间和虚体空间的置换方式，与城市形态的结合，增长和扩张的准则等。这样的穷举和比较分析可以帮助城市和建筑设计者对现有的街区形态模式有更加清楚和客观的理性认知，并引发无限城市形态的想象。

*a+t* 研究组对密度的探讨并不深入，主要位于物质形态层面，却灵活有趣，同时有着较强的设计指导意义。模型研究在城市微观尺度和建筑尺度上展开，量化数据的精度较高。除了图表和数率之外，他们认为还有很多不可量化的因素对于街区密度来说同样重要，并称其为“密度质量”（the quality of density）。这些因素中与街区建筑形态直接相关的因素被称为硬性能（hard performances），与形态间接相关的被称为软性能（soft performances）（表 3）。这些性能或多或少都会对街区密度的形成和发展产生影响。

**“密度质量”的各种硬性能和软性能** **表 3**

| HARD PERFORMANCES | 硬性能 | SOFT PERFORMANCES | 软性能 |
|---|---|---|---|
| Insertion in the Grid | 网格的介入 | Perception of the City | 对城市的感知 |
| Uses | 功能 | Perception of the Building | 对建筑的感知 |
| Orientation | 朝向 | Urban Atmoshpere | 城市氛围 |
| Landscape | 景观 | Relaton with the Nature | 与自然关系 |
| Accesses | 入口 | Usability of the Space | 空间的利用度 |
| Parking Facilities | 停车设施 | Participation of Uesrs | 使用者参与度 |
| Circulations | 流线 | Appropriation of the Space | 空间的调整 |
| Exterior Spaces | 外部空间 | Flexibility | 灵活性 |
| Communal Spaces | 公共空间 | Privacy | 私密性 |
| Types of Dwellings | 住宅类型 | Safety and Security | 安全和保护 |

图表来源：笔者依据材料自制。*a+t* Research Group. Why density：debunking the myth of the cubic watermelon[M]. *a+t* Architecture Publishers，2015.

*a+t* 研究组认为，定义密度主要取决于三个要素：代理（agents）、流动（fluxes）和领域（territory），分别指代街区的开发及使用者、街区与外部的联系及街区的土地属性。“建筑无法脱离城市和市民而存在”，获得密度“不是通过造越来越多

的房子，不是尽量填满城市的空隙。历史已经证明这样做只是一种投机行为，而不是真正意义上的寻求密度”。*a+t* 研究组对于密度的理解更多的是从空间使用者的角度出发，一味地追求高密度并无意义，与使用者和土地属性相匹配的密度才是理想的形态。

## 其他密度相关研究

本书立足于建筑学视角，通过研究城市空间形态的密度问题来探讨城市的集聚本质。前文中列举的既有研究也均属于传统建筑学的讨论范畴，关注城市中建筑实体空间的密度。

城市是多元复杂的，因此，城市空间的集聚程度可以从诸多方面进行描述阐释。人口、建设量、资源消耗量等都可以从一个侧面反映城市的发展变化状况。在经济学、社会学的研究中，有很多有趣的案例。比如美国经济学家乔治・泰勒（Geogre Taylor）提出的裙摆指数（Hemline Index，1926）理论，将社会上流行的女性连衣裙的裙摆长短与股市的涨跌之间建立起相关性[①]。在我国，对城镇化发展的研究中也曾出现过一个“榨菜指数”——根据畅销全国的涪陵榨菜在各地区销售份额变化情况来推断人口流动的趋势[②]。当然，这些理论多少带有些戏谑的成分，也并没有十分严谨的科学论证支撑。但它们提供了一种思路，即对某一对象进行定量研究时，若对象本身难以量化或者研究难度较大，选取适当的替代研究变量往往能打破学科固有思维的局限，进而获得突破性的成果。对城市空间形态的研究亦是如此。近几十年来，信息技术的快速发展为城市研究提供了全新的技术手段和研究思路。其中最具代表性的有基于遥感信息技术的夜间灯光研究和基于网络计算机技术的手机定位数据研究。

夜间灯光研究源于20世纪70年代美国军事气象卫星计划（Defense Meteorological Satellite Program，DMSP）的线性扫描业务系统（Operational Linescan System，OLS）。其设计初衷是捕捉夜间云层反射的微弱月光，从而获取夜间云层分布信息。然而意外的收获是，该系统在无云情况下还可以捕捉到夜间城镇、夜间渔船、天然气燃烧、森林火灾等的发光信息，因而被广泛地应用于社会经济参

---

① DESMOND M. Manwatching：a field guide to human behaviour. London：Book Club Associates London，1978.

② 李行一，单玉晓．城镇化的“榨菜指数”[J]. 决策探索（上半月），2013（9）：64-65.

数估算、区域发展研究、重大事件评估、渔业监测等诸多研究领域[①]。除 DMSP/OLS 数据外，还有 Suomi-NPP/VIIRS[②] 数据、国际空间站（International Space Station）的数码照片等数据也可以用来进行夜间灯光分析。美国学者托马斯·A·克罗夫特（Thomas A. Croft）于 1973 年最早将 DMSP/ OLS 夜间灯光数据用于城市研究，指出该数据有助于确定人类活动强度的高低[③]。

近十年来，我国学界也对夜间灯光数据进行了诸多研究，涉及地理学、社会学、应用经济学和建筑学等学科领域。何春阳、史培军等（2006）基于 1992 年、1996 年和 1998 年的三期 DMSP/OLS 夜间灯光数据，重建了我国大陆地区 20 世纪 90 年代的城市化空间过程，并利用官方统计数据和高分辨率的 Landsat TM 数据对该方法提取的面积总量及城市空间格局特征进行验证，均得到较为相符的结果。因此证明 DMSP/OLS 夜间灯光数据基本上可以反映当时我国大陆地区城市发展的实际状况，可以在一定程度上为宏观城市空间格局和变化过程研究提供帮助，弥补传统的人口、城市建设用地等统计数据获取困难和更新周期较长的不足。

夜间灯光数据不仅可以反映城市建成区的范围，其光亮的强弱还可以在一定程度上反映出人类活动的强弱。因此，有学者将夜间灯光的光照强度与城市开发建设强度相关联来进行研究。卓莉、李强等（2006）基于光照强度的时间变化特征，将我国城市用地空间扩展类型分为填充型和外延型两大类，并根据夜间灯光强度变化过程将填充型发展模式分为匀速增强型、加速增强型和减速增强型。此外，徐梦洁、陈黎等（2011），廖兵、魏康霞等（2012），范俊甫、马廷等（2013）也采用相近的研究思路分别对长三角城市群、江西省间城镇和环渤海城市群的城市化发展和空间格局变化过程进行了研究。

目前基于夜间灯光的城市空间研究大多数是在国际级、国家级和地区级这样的超大尺度展开的，也有部分研究是在城市级尺度层面展开。如郑辉、曾燕等（2014）通过使用 Suomi-NPP/VIIRs 夜间灯光影像，结合 GIS 手段分析了 2012 年南京市主城区灯光图像强度值与建筑密度之间的关系。研究通过计算散点取样区

① 李德仁，李熙．论夜光遥感数据挖掘 [J]. 测绘学报，2015，44（6）：591-601.

② 美国 Suomi National Polar-orbiting Partnership（NPP）卫星平台搭载的 Visible Infrared Imaging Radiometer Suite（VIIRS）系统。

③ 徐梦洁，陈黎，刘焕金，等．基于 DMSP/OLS 夜间灯光数据的长江三角洲地区城市化格局与过程研究 [J]. 国土资源遥感，2011，23（3）：106-112.

的建筑密度平均值，并与样区的夜间灯光强度灰度值进行相关性分析，建立建筑密度估算模型。该方法的优势在于成本低，周期短，在一定程度上降低了建筑密度数据的获取难度。但缺点在于得到的估算精度较低，限制了其使用的范围和价值。

近十年来，网络计算机技术和移动通信技术的迅猛发展极大地普及了智能手机的使用，也使得手机信令数据研究成为分析人口空间分布的新途径。自2007年起，“信令数据”开始受到国内学界的关注，特别是近年来，基于手机信令的大数据（big data）研究被广泛应用于城市人口、交通、经济等状况的研究。

方家、王德等（2016）基于上海市手机信令数据，通过2014年上海顾村樱花节开幕后周六（文中简称“节日”）和开幕前周六（文中简称“平日”）的客流比对，对樱花节引发大客流的时空分布规律以及游客行为的改变进行了分析，并尝试对大客流进行预警。李祖芬、于雷等（2016）基于北京市手机信令数据对居民的出行时空分布特征进行研究，并用北京市第四次综合交通调查数据进行对比验证。钟炜菁、王德等（2017）利用手机信令数据，以上海市为例，构建“人口—时间—行为”关系的人口空间动态分析框架，分析上海市人口分布和活动的动态特征。

由于手机信令数据反映的是城市中人的时空定位信息，与人的行为活动直接相关，因此有学者利用手机信令数据来对城市空间结构进行研究。基本思路是研究人在城市中集聚的时空分布特征，或者说城市中不同区域、不同时段的人的集聚程度。这与本文研究的思路相近，差异在于本文的研究对象是城市物质空间本体。钮心毅、丁亮等（2014）基于2014年3月15日至3月28日上海市中国移动2G用户的手机信令数据，采用核密度分析法对人流活动的空间密度分布进行测算和分级，以此来识别城市公共中心的等级和职能类型。研究所使用的基础数据信息量巨大，一日之内的信令记录数就达到6亿条，弥补了传统取样调研中样本量偏小的不足。同时，手机信令数据属于实时的动态数据，不同时间段的数据信息为描述样本的就业、游憩、居住等活动的时空动态提供了可能。

除手机信令数据外，随着智能手机的发展，也有其他数据可以用来进行此类研究。比如百度地图热力图数据，就是以LBS[①] 平台手机用户地理位置数据为基础

---

① Location Based Service的缩写，即基于位置的服务，通过电信移动运营商的无线电通信网络（如GSM网、CDMA网）或外部定位方式（如GPS）获取移动终端用户的位置信息，在地理信息系统平台的支持下，为用户提供相应服务的一种增值业务。

来呈现人群的空间集聚度。吴志强、叶钟楠（2016）以上海中心城区为例，利用百度地图热力图工具，对人群的集聚度、集聚位置、人口重心等指标在连续一周中随时间的变化情况进行研究，分析城市空间被人群使用的情况。虽然热力图数据并不能用来推测某一区域的人口绝对数量，但可以反映人口在城市不同区域集中程度的相对比较，可以依此来对城市空间结构进行研究。

进入21世纪，信息技术飞速发展，深刻改变着城市中人类的生活方式。同时，它也极大地扩展了人类认知城市的视野和途径。以上列举的夜间灯光研究和手机信令数据研究，均是从不同侧面来反映城市中人类活动的集聚程度，也是从“密度”的视角来分析理解城市。

# 第二部分

# 城市形态研究的尺度问题



2

本书基于密度视角来研究城市空间的集聚，属于城市空间形态研究的范畴。

城市，作为一种空间现象，在三维空间内占据一定的领域并呈现一定的形态。城市空间既包括建筑物等各种人工建成环境，也包括城市领域内的自然环境。“城市空间形态”的概念十分宽泛，英文语境中的“urban form”“urban pattern”和“urban morphology”都可以用来指代“城市空间形态”。

同时，城市也是人类时空行为的产物。城市的出现、生长、消亡，对应着人的建造、运作和遗弃。时间是一个具有相对性的概念，同样，空间之于生活在其中的人来说也非一成不变的存在。人与研究对象之间的相对关系往往决定了研究分析的角度和立场。不同尺度下城市空间与人的关系的不同，决定了在不同的城市理论和研究中，“城市空间形态”的所指在尺度和内涵上都有着很大的差别。

因此，我们需要先对既有的城市空间形态研究作一个总体的梳理，以便于在面对城市这样的巨构复杂体时准确地定位研究标的，并在适合的空间尺度上进行探讨。

# 第五章　宏观尺度的城市形态研究

当观察城市的视点基本是在离地面约 80~100 千米的高空，城市犹如画毯般平铺在地表，覆盖着一定的领域。这时的城市被作为一个只限二维的形状整体，城市空间形态事实上只涉及城市的用地轮廓。20 世纪 30~60 年代，城市地理学的研究中有学者用以下变量来描述和计量城市空间形态：形状率（form ratio）、圆形率（circularity ratio）、紧凑度（compactness ratio）、椭圆率指数（ellipticity index）、放射状指数（radial shape index）、伸延率（elongation ratio）等（林炳耀，1998）。尽管彼此不同，但这些变量的选取都是将城市空间作为一个不可分割的整体来研究。同时，这些研究都基于同一种判断——“区域形状最紧凑的是圆形”[①]，而城市形态的紧凑程度与城市内部联系的效率正相关。

这是鉴于当时城市社会发展状况下的一种十分理想化的和笼统的判断。然而，这种判断也有着十分悠久的历史根源。早在古典时期，维特鲁威在其《建筑十书》的第一书中曾详细地阐述了如何规划建立一座理想的城市，其平面轮廓被设计为正八边形。他指出“城市不应当设计成为正方形或突出棱角形的，而应当设计成为圆形的，以使能在各处眺望敌人”[②]。而 16 世纪由文森诺·斯卡莫齐（Vincenzo Scamozzi）设计的意大利城市帕尔马诺瓦城（Palmanova）几乎可以说是维特鲁威理想城市的再现，同时在城墙外还修筑了九角星形状的军事堡垒（图 13）。在这里，选择接近圆形的城市形态轮廓是出于古代城市安全防御的需要。而对于城市的边界已经逐渐模糊甚至消失的当代城市来说，这一类型的形态研究似乎失去了原有的价值和意义。

当观察城市的视点下降至大约离地面 30~50 千米的空中时，对于城市形态

---

① 林炳耀．城市空间形态的计量方法及其评价 [J]. 城市规划汇刊，1998（3）：43.

② 维特鲁威．建筑十书 [M]. 高履泰，译．北京：知识产权出版社，2001：40–42.

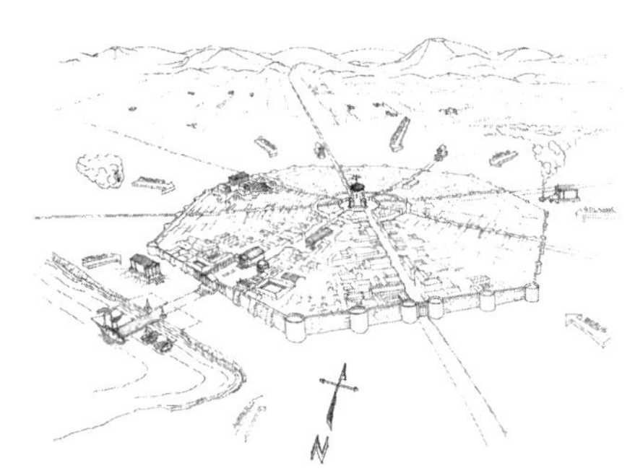

**图 13 维特鲁威的理想城市构想图与斯卡莫齐设计的帕尔马诺瓦城**

图片来源：左：THOMAS G S. Vitruvius on architecture. New York：The Monacelli Press，2003：82；右：https：//visitworldheritage.com/zh/eu/%E5%B8%95%E5%B0%94%E9%A9%AC%E8%AF%BA%ET%93%A6%EA%B8%96%ET%95%8C%E9%81%97%E4%BA%AT%E5%9C%B0/ob473170-5362-4a13-ad72-b5c63d3518be。

的讨论依然局限于二维空间。因为即便是当今最高的人工建成物迪拜塔（Burj Khalifa Tower）[①] 也不足 1000 米。在这样的宏观尺度视角中，城市在由地面向上的第三维空间的伸展几乎可以忽略不计。但这时的城市也已不再是糊成一团的墨迹，在整体形态中可以看到相对独立的各部分以及彼此之间的空间关系，即城市形态的结构性出现了。19 世纪末 20 世纪初，当埃比尼泽·霍华德（Ebenezer Howard）在《明日的田园城市》（*Garden Cities of To-morrow*）中探讨卫星城、阿图罗·索里亚·玛塔（Arturo Soriaa Mata）提出“线形城市”、汉斯·布鲁曼菲尔德（Hans Blumenfeld）在讨论“放射形城市”时所进行的研究都属于这一范畴（图 14）。与上一种形态研究不同的是，这些研究不只就形态本身来谈形态，而是结合城市的功能分区和交通联系等其他因素一起来探讨，也并不只针对某一具体的城市，而是采用归纳总结的方式形成若干种城市形态的类型，或者称之为模式。

同样是在这样的宏观尺度下探讨城市形态的结构性，到了 20 世纪 60 年代，随着数字化城市规划技术的发展，比尔·希列尔（Bill Hillier）创立了空间句法理论，阐述了一种以“图底分析”“关联耦合分析”和“社会分析”为基础的城市设计和城市形态分析方法。这是一种建立在数字化直观平台上的形态研究操作方法，针对某一具体城市案例，研究各种网络结构（包括虚拟和真实网络结构）之中的非对称性、整体与局部的关系、相互转化过程等。在本质上，空间句法理论仍是

① 截至 2017 年，迪拜塔（Burj Khalifa Tower）是世界上最高的建筑物，也是人类有史以来最高的人工建成物，高度为 828 米。

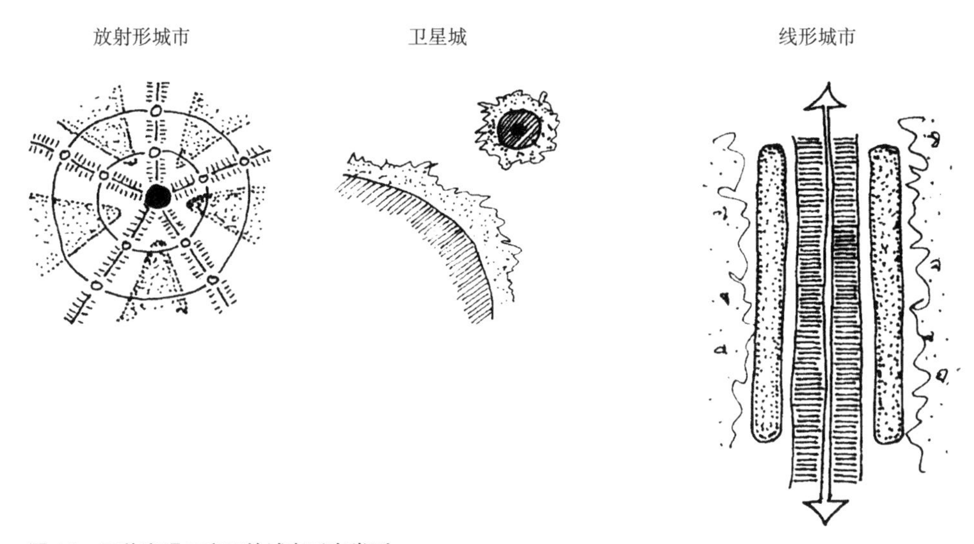


**图 14 三种宏观尺度下的城市形态类型**
图片来源：凯文・林奇 . 城市形态 [M]. 林庆怡，陈朝晖，邓华，译 . 北京：华夏出版社，2001：257-259。

试图解决“形式与功能”的经典关系问题。但与其他研究有所不同的是，在希列尔的空间句法研究中出现了对“人”的考量，包括人的行为活动，以及一些近人尺度的变量（如街坊块形、街道长度、建筑高度等）。这一点得益于数字技术的应用，使得海量的数据运算和分析成为可能。

总体来说，宏观尺度下的城市形态研究成果均是整体性的或者结构性的抽象表达。事实上，生活在城市中的个人，对于城市的轮廓是方是圆、城市的结构形式是如何也许会有一个模糊而隐约的印象，但绝不是出自最直接的感观体验，而是基于其他描述或者分析得出的一种认知。毕竟如此巨大的宏观尺度已远远超过人类的感观可知范围，也就是所谓的“上帝视角”。

# 第六章　中观尺度的城市形态研究

当视点继续下降至离地面约 5000~10000 米的空中时，观察城市的视野基本处在 10×10 平方千米的范围之内。除了规模特别小的城镇外，在这样的视野中已经很难将城市全貌尽收眼底，取而代之的是城市的道路网络开始明晰起来。同时，作为建筑集聚体的“街区”（block）随之而出现，二者相互依存。可以说在中观尺度层面，路网及街区是城市形态最为鲜明的特征对象，并作为基础进一步支撑城市结构复杂性的研究。

事实上，泾渭分明的道路网并非城市与生俱来的必备品。在早期人类聚落代表之一的加泰土丘（Catal Hüyük）中，独立的矩形房子整齐排列在层层升起的台地上，并没有独立的道路系统（图 15 左）。它虽然是人类城市早期且比较独特的案例，但却可以在传统的伊斯兰城市中看到类似的形态模式——小体量的单体建筑如蜂窝状般密集排列，纤细、曲折的街巷在建筑集群中毫无规律地纵横交错，仿佛肆意生长的藤蔓。摩洛哥的非斯（Fes）古城正是这种形态的典型代表（图 15 右）。在这里，城市犹如自然界生长的有机体，有着自我内在形成的逻辑法则，类似于今天十分流行的词汇——“算法”。其形态的生成往往需要经过漫长的岁月，而对于最终会形成怎样的整体面貌，往往它的建造者也浑然不知。

在早期的人类建城理念中，路网结构也是最为核心的形态特征，并且往往带有强烈的宗教思想和神秘色彩，通过特定的形式来体现文化自身的宇宙观和世界观。而在实际的建造实践过程中，“方格网”的道路体系却是最为常见的形式，不论是美洲古印第安文明鼎盛时期的特奥蒂瓦坎古城（Pre-Hispanic City of Teotihuacan）的棋盘格形制，还是在古希腊时期著名的希波丹姆（Hippodamus）规划思想中，抑或是在中国古代《周礼·考工记》里所记载的“匠人营国，方九里，旁三门。国中九经九纬，经涂九轨”，东西方不同起源的文明都选择这样的形式可以说并非巧合。高迪曾说“直线属于人类，而曲线归于上帝”。有目的的规划

**图 15　加泰土丘复原想象图及非斯古城形态**
图片来源：左：https：//www.sohu.com/a/354211437_120425837；右：https：//www.archdaily.com/785740/civilization-in-perspective-capturing-the-world-from-above?ad_medium=gallery。

设计属于理性思维的范畴，正交的直线体系体现了人类逻辑思考最为基本和初级的部分。

以米利都城（Miletus）和唐长安城为典型代表（图 16），方格网的街道将城市分割成均质的方形地块，“标准化的土地规划为标准化的建设提供了条件，人们可以轻松地丈量、分配、出售土地”[①]。但像这两者般完美呈现的方格网体系只出现于地势较为平坦的区域，且城市建设往往有强势的政治权力贯彻推动。除此以外，绝大部分城市的方网格受到地形、地貌、原有地籍等的影响，或多或少会进行一定的曲折变形，但本质上并不破坏方格网结构原有的拓扑关系和规则逻辑。

进入现代后，随着系统科学和复杂性科学研究的发展，诸多城市学者尝试从结构复杂性的角度来认识城市空间形态，并使用数学工具对城市复杂性进行描述和分析。克里斯托弗·亚历山大在《城市并非树形》（*A City is not a Tree*）一文中，借用“树形结构（tree structure）”和“半网络结构”（semi-lattice structure）的概念[②]来描述不同城市空间结构单元之间的关系。进一步地，亚历山大通过现代心理学的研究成果指出，树形结构所体现的树形思维方式是人类大脑的一种能力——将复杂的事物关系处理形成可以直观理解的结构，然而，人类却无法在单一的思维活动中达到半网络结构的复杂性。所以，“当我们借助树形思维时，我们正在以

① 凯文·林奇 . 城市形态 [M]. 林庆怡，陈朝晖，邓华，译 . 北京：华夏出版社，2001：260.

② 树形结构指的是数据元素之间存在着“一对多”的树形关系的数据结构，是一类重要的非线性数据结构。半网络结构是指关联到格的结运算和交运算二者之一的一类代数结构。二者都是数学集合论的重要概念。

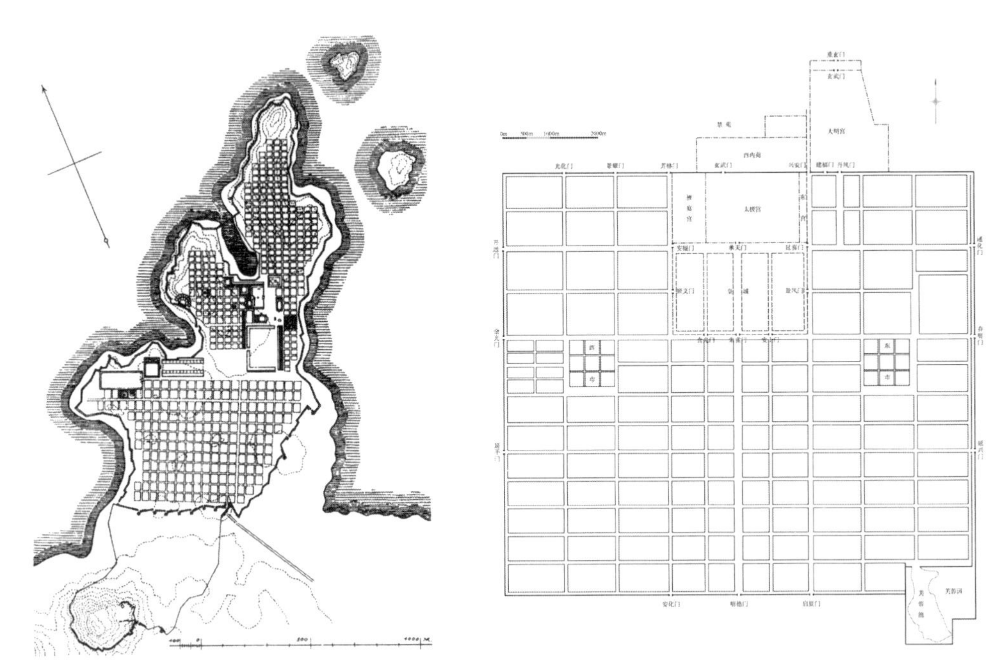

**图 16 左：米利都城平面图；右：唐长安城平面图**
图片来源：左：https：//upload.wikimedia.org/wikipedia/commons/f/ff/Miletos_stadsplan_400.jpg；右：笔者根据资料自绘。

富有活力的城市的人性和丰富多彩为代价，换取仅有益于设计师、规划师、管理人员和研究人员的概念上的简化。”①

现代主义城市理念对严格层级的追求以及对直线和纯粹的执迷，极大地降低了城市形态结构的复杂度，也从根本上影响了城市生活。简·雅各布斯（Jane Jacobs）在《美国大城市的死与生》（*The Death and Life of Great American Cities*）中抨击了柯布西耶式的超级大街区，认为这样的空间形态使居民隔离，剥夺了对城市安全与欢乐至关重要的“街道眼”（Street Eye）。她推崇非规划的、即兴生长的城市街道与空间，认为美丽的形式和系统是从城市居民的需要中逐渐生长出现的。

自亚历山大的理论提出之后，“适逢耗散论、协同论、突变论等自组织理论，以及以混沌、分形为核心的非线性理论相继出现，众多学者纷纷开始将城市理解为一个开放的巨复杂系统，进而探究城市空间和城市系统的复杂性特征、内部

① 克里斯托弗·亚历山大．城市并非树形 [J]. 严小婴，译．汪坦，校．建筑师，1986（24）：206-224.

关联性、相互作用以及理想城市的研究模型”[①]。前文中提到的比尔·希列尔的空间句法理论正是这一类型研究的一个分支，另一个重要分支是分形城市（fractal city）。迈克尔·巴蒂于1991年发表《作为分形的城市：模拟生长与形态》一文，标志着分形城市概念的萌芽。1994年，他与保罗·隆利（Paul Longley）合作出版了研究著作《分形城市：形态与功能的几何学》（*Fractal Cities：A Geometry of Form and Function*），提出城市可以被视作自相似的分形结构自下而上生成的结果。

尼科斯·塞灵格勒斯（Nikos Salingaros）也认为有活力的城市本质上都具有分形特征。他曾说，分形结构回应着人类思想深处的需求，而人类思想亦以同样的方式趋于有序。传统城市形态是经过长时间的建造和不断的加建而形成分形结构。但有所不同的是，萨林加罗斯提出除了用分形标度来检验城市形态外，还需要另一个独立标度——连通性，从拓扑学角度进行研究。他提出城市的活力根源上来自于连通性，“所有几何形体的存在意义都是为了实现人与人之间赖以交流的连通网络”。而“连接只能于互补的节点间形成”“一个城市动作的动力，是靠多样性和不同类节点间信息交换的需求来推动的”。连接网格的形式多样，除了虚拟空间的电子通信外，“都需要实体上的线性联系，因而这些连接方式为了寻求空间彼此竞争，也与节点占据的实体空间竞争”“当代都市面临的挑战是如何用最佳方式实现竞争性连接网络的融合”。[②]

不论是早期的关注平面几何形态，抑或是后来的对结构复杂性的剖析，中观尺度上的城市形态研究依旧停留在“上帝视角”，所体现的认识均来自于理性认知而非感性感知。但并不意味着这些研究是远离“人”的。在这里，人的行为活动始终浮现于研究的深层，特别是在形态结构复杂性的研究中。单个“人”的行为太过渺小和随机，但一定数量的“人”的集体无意识行为却是推动城市形态形成的重要动力，同时也受到城市形态的束缚。城市正是在二者的作用与反作用之中不断发生发展。

---

① 肖彦，孙晖．如果城市并非树形——亚历山大与萨林加罗斯的城市设计复杂性理论研究 [J]. 建筑师，2013（6）：76–83.

② 尼科斯·塞灵格勒斯．连接分形的城市 [J]. 刘洋，译．国际城市规划，2008，23（6）：81–92.

# 第七章　微观尺度的城市形态研究

当观察城市的视点继续下降至离地面约 600~1000 米，就如同乘坐飞机即将降落的过程中俯瞰芸芸众生，是欣赏一座城市的绝佳时机。现在，发展迅速的民用无人机技术使得这样的视角越来越容易实现。在这样的视野中，城市的街道进一步明朗，连最细微的小径也清晰起来。同时，建筑单体的轮廓开始显现。可以说，这是一个从城市尺度向建筑尺度过渡的阶段。

这时的城市形态表征为各种人工建成环境集聚在一起的形式。其中既包括建筑物这样的实体空间，也包括道路、广场、绿地、水体等的虚体空间。两种空间投射在二维平面上，形成互为“图”（figure）与“底”（ground）的辩证关系，并且形成一定的纹理性结构，也就是“城市肌理”（urban texture/fabric）。二者具有极高的相关性，共同作为当代城市设计及城市形态研究的重要领域。

## 图底关系

通常认为图底关系理论来源于格式塔心理学，体现的是一种形态学上的整体观。在格式塔理论中，人的心理意识活动都是先验的“完形”，即“具有内在规律的完整的历程”，是先于人的经验而存在的，是人的经验的先决条件。早在格式塔心理学诞生（1912 年）之前，城市中建筑空间与外部空间互为图底的关系就存在于人们模糊的意识之中。意大利建筑师詹巴蒂斯塔·诺利（Giambattista Nolli）于 1748 年绘制了一幅罗马地图，就清楚地表达出这种关系。

诺利在这幅地图中所采用的特殊表达方式深刻影响了西方地图绘制史和城市设计史。他将建筑内部空间作为实体涂黑，所有外部空间作为虚体留白，清晰的界定使得二者彼此从对方的“底”中显现出自己的“图”。建筑外部空间不再是无形的存在，正如水瓶赐予瓶里的水形状一般，建筑实体空间的外边界就像容器一样，赐予了外部开敞空间明确的形态。更为重要的是，诺利将诸如万神庙、教堂、

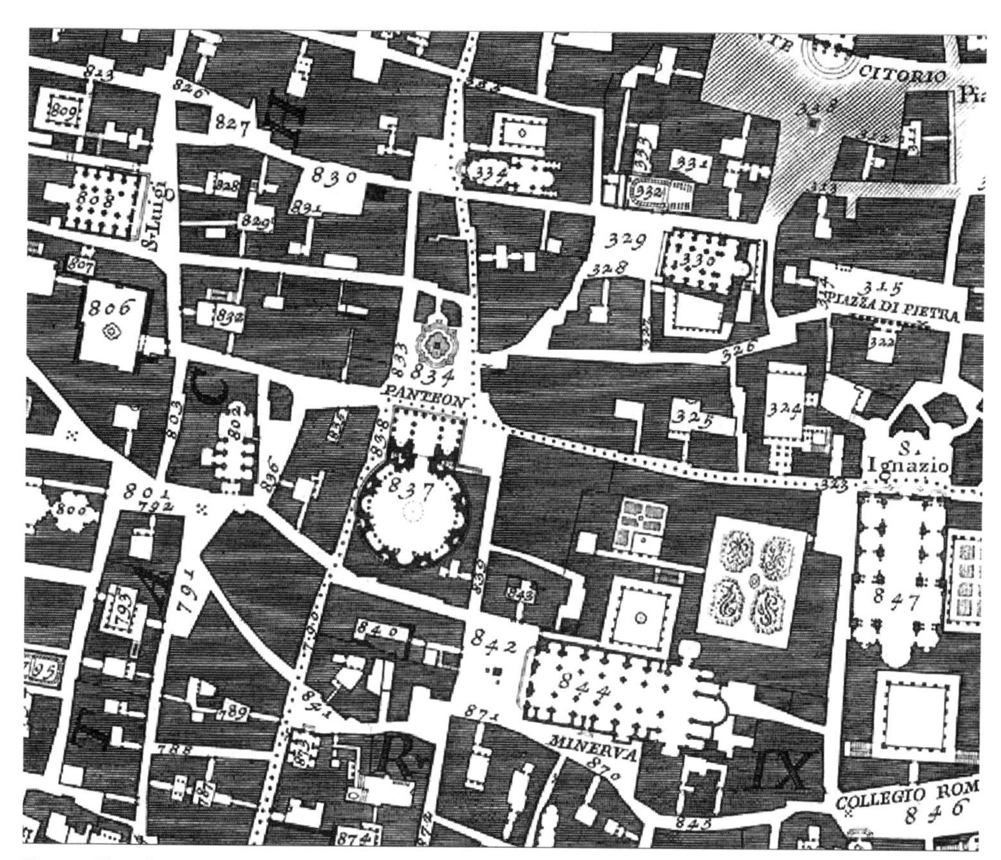


**图 17　诺利地图的细部展示出城市公共建筑底层平面**
图片来源：http：//www.lib.berkeley.edu/EART/maps/nolli.html。

市政厅、剧院等公共建筑的底层平面展现出来（图 17），使公共建筑的内部空间与外部开敞空间连通融为一体。这样的图示表达反映了诺利跳出建筑内外空间二元对立的固有思维，建立起城市空间“公共性”与“私密性”的新秩序，这一点可以说十分具有现代性。

诺利地图中的留白使得城市开敞空间成为具有明确形态的存在而被人所认识。出于自我保护的心理需求，人们对于具有良好围合性和连续性界面的开敞空间有着天然的归属感和认同感。像威尼斯广场、锡耶纳广场这样经典的案例远早于图底关系理论诞生。但图底关系理论的出现，使得这一认识上升到“金科玉律”的高度，影响并指导着之后近一个世纪的城市形态研究和城市设计。

然而，图底关系理论并非一种普适的形态研究理论，从其诞生的过程中可以看出，它有着一定的倾向性和局限性。关于这一点，阿尔多·罗西在《城市建筑学》

（*The Architecture of the City*）中也有所涉及。罗西认为建筑形式来自于人类集体性的创造，并由此引发对于时间概念的思考。“在现代主义之前，城市被视为在一种自然时间中自然演化，然而从现代主义运动的观点来看，自然时间已经被否定，取而代之的是历史决定的时间”。他的这种思考“潜在批判了后来出现的‘文脉城市主义’（contextual urbanism），它所提出的‘图底关系’的图示实则只是一种空洞形式。与罗西所提倡的经历真正的时间、具有明确的范围、并为人们所熟知的特定城市形象截然有别，因而是一种伪自然主义”[①]。

某种程度上说，用图底关系理论的二维视角来审视现代主义城市是无意义的。微观尺度下城市形态研究的一个重要转折就是第三维度的出现。城市不再是水平向的毯状蔓延，也有着垂直向上的延伸扩展。从最开始，现代主义城市就将图底关系或者城市肌理抛诸脑后，用实体的垂直向生长来换取虚空的广阔自由。充满英雄主义式的力量感的摩天楼们矗立在一片无垠的绿荫青翠中，是现代主义城市所追求的典型形象。尽管在中世纪的城市中，我们也能看到高耸入云的佛罗伦萨大教堂、曼吉亚塔楼[②]，但在本质上与摩天楼却是截然不同的。前者是单个实体空间由于视觉形象的需要而进行的竖向拉伸，但后者的本质却是大量实体空间在垂直向的叠加，这是城市空间第三维出现的另一个重要意义[③]。

另一方面，在城市的微观尺度下，建筑实体的高度不再是可以忽略不计的存在，这正是研究者将观察城市的视点由空中俯瞰变为走入其中的人视角的结果。由此也引出微观尺度下城市形态研究的另一个重要转折——与人的感知发生联系。

从人的情感和体验的角度来看待理解人类的建造行为，是近一个世纪以来才出现的。勒·柯布西耶将建筑视为“纯粹的精神创作”，他提出“建筑是一件艺术行为，一种情感现象，在营造问题之外，超乎它之上。营造是把房子造起来；建筑却是为了动人。当作品对你合着宇宙的拍子震响的时候，这就是建筑情感，我们顺从、感应和颂赞宇宙的规律。当达到某种协律时，作品就征服了我们。”[④]

比起理性的认知，来自感官的刺激更为直接和丰富，绝大多数人也正是通过

---

① 童明. 罗西与《城市建筑》[J]. 建筑师，2007（5）：26–41.

② 佛罗伦萨大教堂的穹顶由伯鲁乃列斯基设计，连采光亭在内总高 107 米。曼吉亚塔楼（Torre del Mangia）位于意大利锡耶纳市中心广场，高 102 米，是意大利中世纪最高的塔楼。按照现代的定义，这两座建筑均达到超高层建筑的高度。

③ 关于这一点，将在本书第三部分第四章中进行详细阐述。

④ 勒·柯布西耶. 走向新建筑 [M]. 陈志华，译. 西安：陕西师范大学出版社，2004：11.

感知的方式来认识城市。感知由“感”与“知”两个过程组成，“感”是主体从外界环境的存在中接收讯息，“知”是主体对讯息进行解读并赋予其意义。通常来说，一座城市对于生活在其中的成千上万的个体来说，“感”是相同的，“知”却因人而异。但这并不意味着从人的感知视角来研究城市形态需要从每一个不同的个体感知出发，这样显然会无从谈起，而且忽略了一个更重要的事实——城市是人类集体性的创造。

在基本的生理特征和共同的文化背景下，对于城市形态实体的感知，大多数居民会在内心达成某种一致，凯文·林奇将其定义为“公众意象”。他认为“任何一个城市，都存在一个由许多人意象复合而成的公众意象，或者说是一系列的公共意象，其中每一个都反映了相当一些市民的意象。如果一个人想成功地适应环境，与他人相处，那么这种群体意象的存在就十分必要”[①]。由此，林奇提出了城市的“可读性”概念——一种容易认知城市各部分并形成一个凝聚形态的特性。他从对美国三个城市实例的调研开始，将城市意象中物质形态研究的内容归纳为五种元素：道路、边界、区域、节点和标志物。这些元素并非孤立存在，“道路展现并造就了区域，同时连接了不同的节点，节点连接并划分了不同的道路，边界围合了区域，标志物指示了区域的核心。正是这些意象单元的整体编组，相互交织，才形成了浓郁而生动的意象，并一直在都市范围内绵延”[②]。通过五种元素的剖析及组合，林奇的城市意象理论实际上建立了一套契合人的集体性感知特点的城市形态组织结构，作为一种分析理论的同时在城市形态的塑造中也有着很强的操作指导意义，是城市设计的重要理论之一。

## 城市设计

城市设计兴起于 20 世纪 50 年代。时任哈佛大学设计研究生院院长的何塞·路易·塞特（José Luis Sert）在 1953 年的一次讲课中首次公开使用了“城市设计”（urban design）这个名词，并于 1956 年在哈佛大学组织召开了第一届城市设计会议。时值第二次世界大战结束不久，美国的郊区化迅速发展，欧洲也面临着战后重建的状况。快速城市化的压力刺激着建筑学的转变和发展，国际现代建筑学会（CIAM）

---

① 凯文·林奇 . 城市意象 [M]. 方益萍，何晓军，译 . 北京：华夏出版社，2001：35.
② 凯文·林奇 . 城市意象 [M]. 方益萍，何晓军，译 . 北京：华夏出版社，2001：83.

逐渐分裂，十次小组（Team X）向《雅典宪章》（*Charter of Athens*）中提出的城市四大功能提出挑战，认为城市面貌应有更为复杂的图形，才能满足对城市可识别性的要求。而以塞特为代表的保守派却认为现代主义城市规划并非完全行不通，而是需要进行改良和修正。"城市设计"的概念正是在这样的背景下被提出。

塞特组织第一届城市设计会议的目标即在于讨论一个被广泛接受认可的"城市设计"的定义，然而长期以来这个目标都很难达成。理查德·马歇尔（Richard Marshall）认为"城市设计不应该，也不能被简化为任何简单的公式。它应该以一种整体、复杂、平衡的方式更好地阐释城市状况的物质形态和功能组块。其定义的问题恰恰反映出城市设计运作的复杂性"[①]。可以说，城市设计的独特价值正是源自于它的模糊性，比起作为一个清晰的专业，似乎更适合作为一种"思维方式"。

一直以来，城市设计的实践中有着两种清晰的思路，鲍勃·贾维斯（Bob Jarvis）在《城市环境作为视觉艺术还是社会场景》（*Urban Environments as Visual Art or as Social Settings*，1980）一文中对这两种思路进行了详细的阐述。一种以"视觉艺术"为主导，早期的城市设计注重视觉表达结果，强调城市空间的视觉质量和审美倾向。这种理念可以追溯到卡米洛·西特（Camillo Sitte）的《城市建设艺术：遵循艺术原则进行城市建设》（*City Planning According to Artistic Principles*，1889）。针对当时欧洲工业化背景下城市空间的平淡乏味和缺少艺术感染力，西特提出城镇建设应当不拘形式，顺应自然本身特征，通过建筑物与广场、环境之间的相互协调形成和谐有机体。20 世纪 50 年代之后，戈登·卡伦（Gordon Cullen）在其《城镇景观艺术》（*The Concise Townscape*，1961）一书中进一步强化了这种理念。他开创了"城镇景观"（townscape）这一概念，指的是一种为建筑物群体、街道和所有构成城市环境的空间赋予视觉上的一致性和组织性的艺术，并强调视觉组合在"城镇景观"中的绝对支配地位。

另一种城市设计的思路则是以"社会使用"为主导，与人、空间和行为的社会特征紧密相关，注重城市设计的过程本身。林奇的城市意象理论正是这一类型思路的典型代表。他认为城市设计不应当是一种精英行为，而是大众经验和意志的集合，同时主张强调人的精神意象和感受，而不只是关注物质形态层面。亚

---

① 亚里克斯·克里格，威廉·S. 桑德斯. 城市设计 [M]. 王伟强，王启泓，译. 上海：同济大学出版社，2016：42.

历山大在《城市并非树形》中也表达了类似的担忧，他注意到城市设计如果忽略人的行为和空间的联系则可能导致的危险。随后，在《建筑模式语言》（*A Patten Language*，1977）和《建筑的永恒之道》（*Timeless Way of Building*，1979）中他进一步提出了“模式”概念。与以结果为导向的“完全设计”（complete design）不同，每种“模式”由简略的框架、基本的说明和简单的草图共同构成，旨在为设计师提供一种行为与空间之间的关系序列。在各模式描述说明中，体现着深刻的社会和人文理念——如何保护生态环境，如何美化城镇和住宅，反对建筑风格上的千篇一律，鼓励人际交往及与自然和谐统一等。

如今，城市设计的主流观念是将二者相融合的第三种思路——“制造场所”（place-making），同时关注城市空间作为审美欣赏对象和活动发生场景的双重身份，即关注舒尔茨所提出的“场所精神”的营造。美国建筑师彼得·布坎南（Peter Buchanan，1988）认为，城市设计“本质上是关于场所的制造，场所不仅是一处明确的空间，还包括使其成为场所的所有活动和事件”，当代城市设计正是将焦点放在“创造成功城市空间所必需的多样性和活跃性，尤其是物理环境如何支持在此处产生场所的功能与活动”①。近年，我国学者王建国也对当代城市设计的概念和内涵进行了较为全面的总结概括——“城市设计主要研究城市空间形态的建构肌理和场所营造，是对包括人、自然、社会、文化、空间形态等因素在内的城市人居环境所进行的设计研究、工程实践和实施管理活动”。

“制造场所”是一方面，当代城市设计还需要面临另一个挑战——如何将不同的“场所”组织联系在一起。城市形态在一定时间内是相对静止的，但生活在城市中的人却是运动着的。人们从一个场所运动到另一个场所的过程中，所产生的感受连续性均是从运动空间的性质和形式中派生出来。因此，一种可意象的景观对于生活在城市中的人来说十分重要，这代表着一种清晰而连贯的形象体系，并在时间和空间上有条理地组织在一起，帮助人们在复杂的城市环境中迅速获得认知和定位。

当我们用意象理论来研究传统城市和当代城市时，会发现一个明显的差别——人的移动速度发生了改变。当代生活中，人类通过借助机械动力体验到了

① Matthew Carmona，Tim Heath，Taner Oc 等 . 城市设计的维度：公式场所——城市空间 [M]. 冯江，袁粤，万谦，等译 . 南京：江苏科学技术出版社，2005：7.

一种全然不同的时空感。城市中充斥着各式各样的交通方式，每种方式都有各自的运动速率和感知系统。基于此，埃德蒙・N・培根（Edmund N. Bacon）在其城市设计的理念中提出了“同时运动诸系统”的概念。培根认为，“建筑就是空间的表现，就是要使身历其境者产生一个与先行的和后继的空间有关的明确的空间感受”①，因而运动系统在建筑设计中具有支配性的组织力量。同样，城市设计的任务是为城市居民的生活创造和谐的环境，“当面临制订一个城市大范围开发设计的问题时，明智的办法是一开始就细致地研究基本的运动格局，以便在一个相当有节制的规模上开始建立建设性、有目的的运动系统”②。当代城市设计面临的难题正是需要同时以不同的运动速度和不同的感知程度来创造各种空间形式，并且应当是“许许多多的人们共享的感知序列的结合，由共同的感受发展成一个组合形象，从而产生一种基本的秩序感，个人的创作自由和变化都同它联系在一起”③。

从图底关系到城市设计，微观尺度下的城市形态研究完成了由“上帝视角”到“人的视角”的转换，对人类直觉感观的正视在这其中起到十分重要的作用。感觉体验与理性思维共同成就这一尺度下的城市形态研究，同时也形成由城市尺度进入建筑尺度的过渡。建筑尺度下城市空间形态的主要表现形式为建筑群体的形态组合以及建筑外部空间形态。二者都是微观城市形态研究的进一步延伸，同时在精度上更加细化，更加接近人体尺度。另一方面，微观尺度下的城市形态研究成果不再依赖用文字表达的理论阐述，还体现在与感官直接相联的形象表达上，甚至某种程度上说，后者更为重要。这极大地促进了城市研究中图示语言的发展。

---

① 埃德蒙・N・培根．城市设计 [M]. 黄富厢，朱琪，译．北京：中国建筑工业出版社，2003：21.
② 埃德蒙・N・培根．城市设计 [M]. 黄富厢，朱琪，译．北京：中国建筑工业出版社，2003：35.
③ 埃德蒙・N・培根．城市设计 [M]. 黄富厢，朱琪，译．北京：中国建筑工业出版社，2003：264.

# 第八章　城市空间形态研究的多元复杂性

本书研究城市空间密度问题，是从建筑学的视角来探讨城市空间形态，因而上述分析梳理的各种研究理论和实践也主要集中在建筑学的范畴内。由于城市天生的复杂性，除建筑学外，社会学、经济学、地理学、环境学及这些学科的交叉学科等也都在各自的领域对城市空间形态有着十分深入的研究。

事实上，相较于其他自然和人文科学学科，建筑学自身对于科技进步和社会发展的敏感性都较为滞后，往往需要通过从其他学科的前沿研究中汲取营养。20世纪初芝加哥社会经济学派的诸多基于城市用地结构的分析理论——伯吉斯（Burgess，1925）创立的同心圆理论、霍伊特（Hoyt，1939）的扇形区域理论、哈里斯（Harris，1925）和尤曼（Ullman，1945）的多核心理论，以及德国经济地理学家克里斯塔勒（Christaller，1933）和廖什（Losch，1940）分别提出的中心地理论等，都对建筑学领域的城市形态研究产生巨大影响。20世纪后期，特兰西克（Trancik，1986）、拉波波特（Rapoport，1990）和洛扎诺（Lozano，1990）等学者分别从环境行为学视角讨论了人对于特定建筑环境的行为反应，建议城市发展演变应与当地人的生活方式及文化需求相协调。此外，近几十年来各学界开始关注城市空间形态与环境微气候之间紧密的内在联系，因为创造舒适宜人的室外空间环境是城市设计所要达到的理想目标之一。“现有研究已经证实了城市微气候的气温、风环境以及空气的质量（空气龄）与城市的肌理形态以及城市街道空间的几何形态变化直接相关，且给出了相应的考量指标：天空开阔度、肌理形态的粗糙度等，这些指标对应的城市空间几何边界规律正是建筑学研究的对象。”[①]

多学科多视角的融汇和互通无疑是有益的，对于城市形态的研究本身也应当不拘一格。城市空间形态是城市经济、政治、文化等多重要素共同作用所形成的

---

① 丁沃沃，胡友培，窦平平．城市形态与城市微气候的关联性研究[J]. 建筑学报，2012（7）：16-21.

外在显现与直观结果，但同时，形态也会反作用于这些暗含的城市属性。

本书是基于密度的城市空间形态研究。从建筑学的视角出发，对城市空间形态的密度研究主要包括两个层面：一是一定范围城市空间内的建筑空间的集聚程度；二是这种集聚程度在城市整体层面的分异状况。以一个城市——巴黎为例，假想我们的视点从十万米高空中缓慢下落（图 18）。随着观察城市的视点逐渐接近地面，城市所呈现的影像不断发生改变，城市形态的所指和研究关注的内容也随之改变。另一方面，城市的复杂性和多样性决定了影响城市空间形态的因素众多且关系繁复。研究城市空间的密度问题并不能只关注密度本身，研究的视角需要从城市空间形态研究的总体范畴中寻找恰当的切入视角和剖析思路。具体来说，在城市微观尺度层面对空间形态的三个密度指标进行定量计算研究，在城市中观及宏观尺度层面探讨空间密度指标分布在整体上呈现出的结构性特征，并涉及一部分建筑尺度的空间形态类型以及空间密度与人的行为关系的探讨。

除了尺度外，所有关注形态物质特性的城市空间形态定量研究都需要基于一定的图像数据资料作为基础，因此还具有另一个重要的维度——精度。精度的概念是测量值与真值的接近程度。在这里，精度反映的是城市空间形态在图像中所表达的详细程度和准确度，与图像本身的比例尺息息相关——比例尺越大，精度越高。

精度和尺度是定量形态研究的两个独立的维度，二者结合可以建立起一个有关形态研究的坐标系，有助于直观地对不同的形态研究进行定位和比较（图 19），前文中提到的既有城市空间密度研究均位于城市微观尺度范畴，研究的比例尺在 1/3000 至 1/1000 左右。1/1000 的比例尺是目前城市形态研究采用的较高精度，精度继续提高后就进入了建筑形态研究的主要范畴。而城市宏观尺度下的空间形态类型研究大多精度较低。一方面是由于研究本身偏重整体结构性，对精度要求不高；另一方面也受到数据处理能力的限制。因为精度和尺度都与定量研究的数据运算量正相关，二者共同决定了运算总量。因此大尺度和高精度的形态研究往往需要牺牲另一维度上的需求。伴随着数字技术的发展，海量数据的获取和运算逐步成为可能，城市研究者可以在更大的尺度上进行更高精度的形态研究。大尺度与高精度也成为当前数字化城市形态研究的一种趋势。

数字化研究不仅可以打破定量研究在技术手段层面的限制，同时也能为研究者提供新的研究资源和思路。特别是近年来大数据研究的兴起，摒弃了传统研究

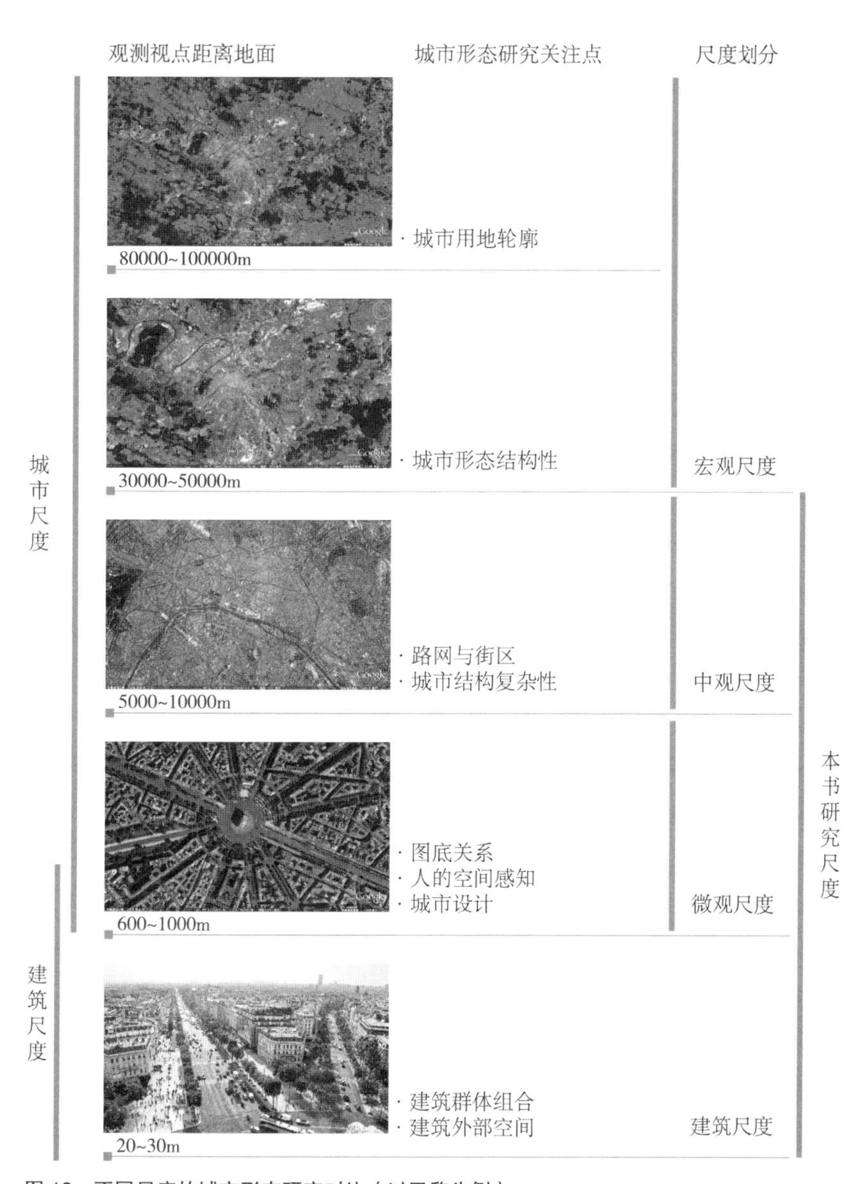


**图 18 不同尺度的城市形态研究对比（以巴黎为例）**
图片来源：笔者自绘。图中影像图片来自 Google earth。

中的随机分析法（抽样调查），采用所有数据进行分析处理，其最大的优势即在于数据的大量（volume）和真实（veracity）。大数据研究可以规避抽样调查中选样的不典型和不全面，向着“全部的事实”无限趋近。也就说，大数据研究正是达到对精度和尺度不断追求的有效途径。当然，对于精度和尺度的更高追求并不应当

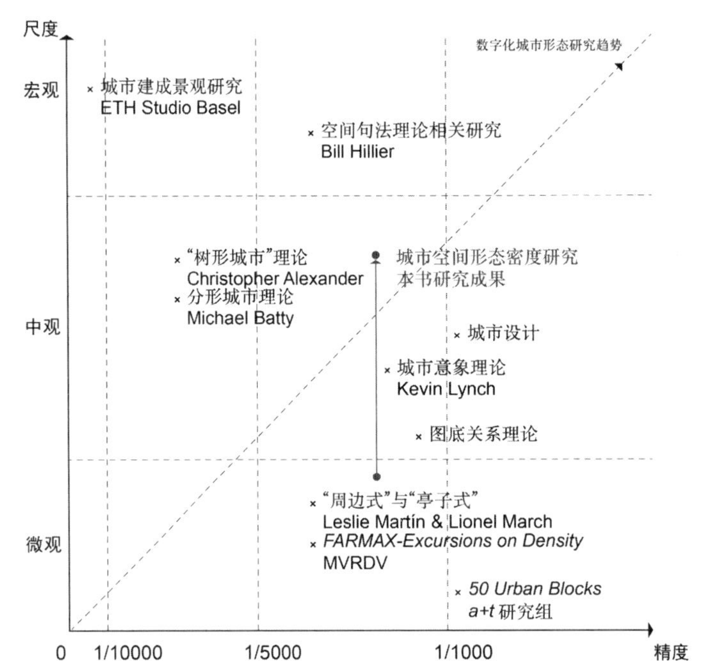


**图 19 城市空间形态研究定位的相对关系**

图片来源：笔者自绘。

是盲目和绝对的，适合研究标的和特征的才是最优选择。

需要指出的是，这是基于当前研究方法的一种划分，随着科学技术的不断进步，新的研究视角和研究方法的出现会突破当前的认知，架构起新的尺度框架。更进一步地设想，科技的进步也许会使人的时空体验发生颠覆性的改变，用空间尺度这样的方式来定义理解城市形态则会完全失去意义。建筑电讯派就认为“城市是一个特殊的有机体”，它不是建筑的集合，而是一种媒介，使得人们通过拥抱新技术获得选择自己独特的生活方式的能力。城市的发展、科技的进步也正是在人类一次次攻克难以解决的问题时发生的。近年来人工智能和生命科学的突飞猛进，让我们有理由相信这一天的到来不会遥远。当然，对于科技的过分依赖和盲目追求，也让人类吃过不少苦头，在对自然进行索取和与其共生的博弈中，科技总是充当着“双刃剑”的角色。因此，这份对未来的乐观不免需要更加慎重的思考以及时间的考验。

# 第三部分
# 历史进程中的城市集聚



3

有关空间密度的概念是现代城市规划和研究的产物。但自城市出现起，密度就作为空间形态的一种物理属性一直存在。不同的社会文化背景下，城市空间的形成逻辑不同，集聚方式不同，自然形成不同的密度结果。

那么，城市空间的密度是如何形成的？经历了怎样的发展变化？引发变化的诱因是什么？本书将尝试通过各种现实和理想中的城市形态案例来分析这些问题，并在此基础上梳理历史进程中城市空间密度的发展脉络。

# 第九章　最原始的空间集聚

提到城市的诞生，目前被广泛接受的观点是公元前 4000 年至公元前 3000 年左右的时间，美索不达米亚肥沃的冲积平原上有了剩余必需品的生产，使得那里的人类聚落首先完成了城市革命。

> “……九千年前，一个来访者穿过湿软的沼泽荒原到达这里，他将面对一片规整的实墙，是挨在一起的房屋所形成的连续的外围边界。这里没有道路进到加泰土丘里，也没有小道和胡同来分隔各家各户的泥砖房。房屋挤得满满的，其间只有一些露天的院子，要想进到室内，就得用梯子从屋顶上的一个洞口下去。……”

这是约翰·里德（John Reader）在《城市》一书中对于加泰土丘的描述，想象着一位外来的到访者看到加泰土丘时的第一印象，正如英国考古学家詹姆斯·梅拉特（James Mellaart）于 1958 年发现它时所感受到的震撼一般（图 20）。

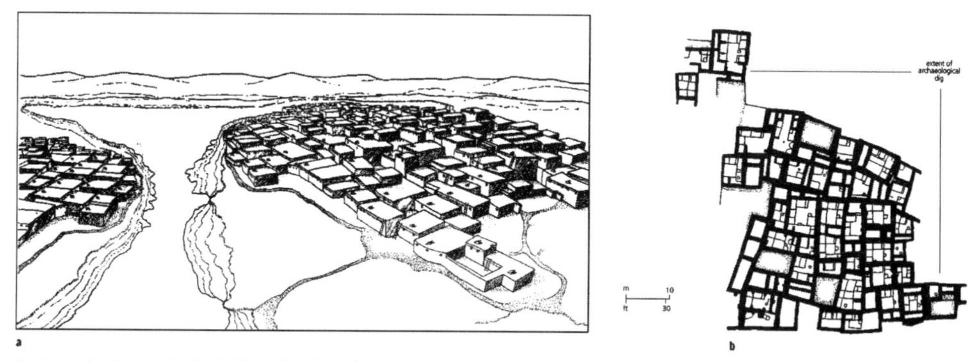


**图 20　加泰土丘复原鸟瞰图（a）及部分考古挖掘平面图（b）**

图片来源：DÜRING，BLEDA. Constructing communities：clustered neighbourhood settlements of the central Anatolian Neolithic CA. 8500–5500 Cal. BC. PhD. Leiden：Nederlands Istituut Voor Het Nabije Oosten，2006. Print。

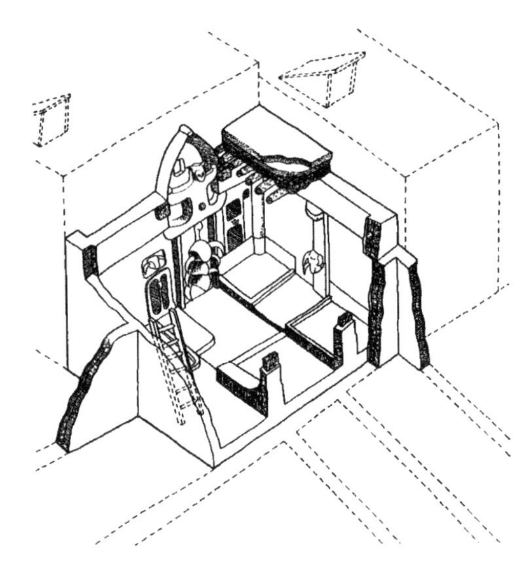

**图 21 加泰土丘典型建筑内部构造**
图片来源：MELLAART J. Excavations at Çatal Hüyük，1963，Third Preliminary Report[J]. Anatolian Studies，1964，14：52。

加泰土丘位于安纳托利亚高原南部（现今土耳其境内），是新石器时代和红铜时代的人类定居点遗址，建成历史可以追溯到公元前 7400 年，一直持续到公元前 5500 年左右，鼎盛时期总人口达到八千人的规模，曾经一度被认为是“世界上第一个城市”。但最新的考古证据表明，尽管人口众多，但它更像是一个过度膨胀的村庄。史学家丹尼尔·格林（Daniel Glyn）认定加泰土丘只是规模较大的聚落，可以被叫作“镇”或者“原始镇”，甚至可能是朝向城市文明发展的失败的尝试。但正如消失的尼安德特人之于现代人类研究的意义一样，不曾走向城市文明的加泰土丘却呈现出人类聚落空间最为原始的聚集方式。

大量的挖掘证据表明，加泰土丘的居民所进行的是一种介于游猎采集和农业耕种二者中间状态的混合食物供给生活。典型住宅平面主要包括一个与小型院落相连接的大空间，主空间里配有长椅、烤箱和垃圾桶，房间的平均大小在 5 米 ×6 米见方。建筑物标准化的内部构造是创立和营造社区归属感的重要象征。住宅与住宅几乎完全是密实地紧挨在一起（图 21）。每一户人家的建筑结构都是独立的，相邻的两户人家并不共用墙体，而是外墙与外墙紧贴在一起。“这说明了一种对于所有权的强烈意识，以及事务管理的独立性，因为只有独立的墙体才能使每家每户按照自己的使用周期来维修和重建房屋”[①]。当房屋倒塌后，居民们会在原址上填充和平整地面，重建上面的部分。如此日积月累，历经一千多年，到

① 约翰·里德 . 城市 [M]. 郝笑丛，译 . 北京：清华大学出版社，2010：19.

人们发现它的遗迹时，填起的土堆足有 20 米，相当于现代六层楼的高度。并且越到上部，房屋的层叠复建关系越发清晰。这种在旧建筑物的废墟上不断重新建造新建筑的方式并非加泰土丘所独有，在早期美索不达米亚和其后的城市中十分多见，被称为"圆丘（tells）"，都是人类几千年来在同一选址上不断定居的结果。

根据加泰土丘第 VI 层的考古挖掘结果（图 22），将聚落形态的不同空间进行转译并分成三类：建筑内部空间、庭院空间以及地基夯土。受遗迹保存程度和考

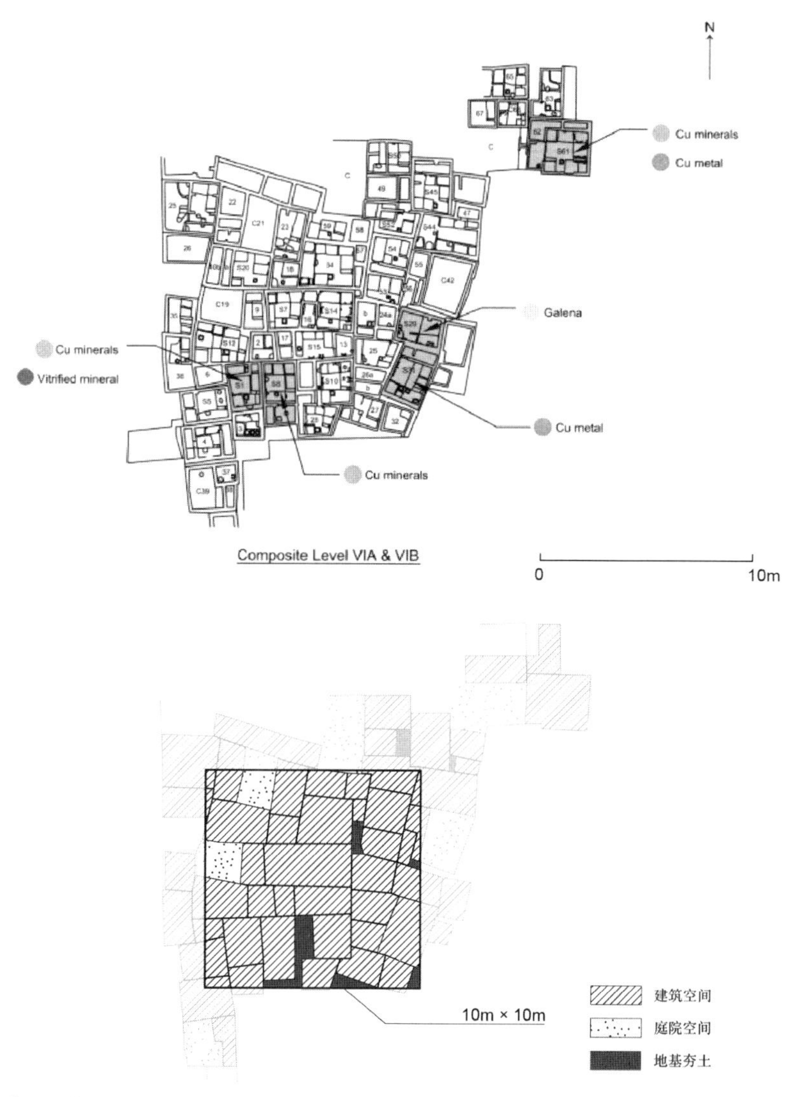


**图 22 加泰土丘第 VI 层考古挖掘平面图及研究样本单元提取**

图片来源：上：RADIVOJEVIĆ M，REHREN T，FARID S，et al. Repealing the Çatalhöyük extractive metallurgy：the green，the fire，and the 'slag' [J]. Journal of Archaeological Science，2017；下：笔者自绘。

古挖掘资料限制，仅能提取 10 米 ×10 米的研究样本单元。但鉴于加泰土丘的房屋尺度及聚落形态整体上的均质性，这样大小的研究单元足以反映其空间密度特征。经过计算，加泰土丘样本单元的容积率约为 0.9，建筑密度为 90%，平均层数为 1。这里高达 90% 的建筑密度应当算得上是一种极值，毕竟完全没有道路、需要从屋顶进入室内的空间形态是加泰土丘所独有的。

对于为什么做出这样的选择，后世的研究者只能依据现有的考古挖掘结果进行推测。最容易联想到的原因是出于防御安全的需要。根据考古挖掘出的动物骨头和遗迹石刻，加泰土丘的人类聚落尚无畜牧业出现，经常捕获的野生动物有瞪羚、野猪、羊、红鹿、秃鹫等。这样集聚的空间形态的确有利于抵御野兽的攻击。当然，形成这样的形态有可能是多方面的原因共同促成，目前尚无定论。加泰土丘的独特形态证明，在驮畜和有轮运输工具出现之前，城市空间中独立的道路系统并非必不可少。对于在崎岖不平的野外行进习以为常的古人来说，日常在高高低低的屋顶上穿越也无不便之处。加泰土丘的居民选择最为纯粹的集聚方式，如同“蜂巢”般地将居住空间挤在一起，形成高密度的聚居形态。

可以说，在加泰土丘，空间密度体现的是人类聚落最为原始的动物性群居特征，具有保障种族安全的重要作用，也是体现社群组织关系的空间结果。

# 第十章　单元化的空间集聚

“匠人营国，方九里，旁三门。国中九经九纬，经涂九轨，左祖右社，面朝后市，市朝一夫。……王宫门阿之制五雉，宫隅之制七雉，城隅之制九雉，经涂九轨，环涂七轨，野涂五轨。门阿之制，以为都城之制。宫隅之制，以为诸侯之城制。环涂以为诸侯经涂，野涂以为都经涂。”

这段文字出自我国著名的经学典籍《周礼 · 考工记》，记述了古代都城建设所应遵循的形制。人类城市文明历经几千年的发展，已经有了质的提升。城市的建设和经营成为需要大规模组织合作并体现明确计划意图的重要社会活动。

关于《考工记》的经学身份和成书年代，近代疑古诸家也看法不一。据清人江永的考据，“《考工记》成书时间为先秦晚期，为齐国官书”[①]。国学大师陈寅恪先生则认为应该成书于更晚些的西汉时期[②]。但不论是先秦时期的经著，还是西汉时的托附之作，可以确定的是，这段文字反映了我国封建社会逐渐形成和巩固的初期，国家统治者对于都城建设的构想。

在现今发现的史料中，几乎没有完全按照《考工记》这段描述所建设的都城实例。1954 年于河南挖掘出的洛阳东周城遗址，因年代久远，只保留有部分城墙。据研究推测，很有可能是两座古城的城墙遗迹。西南角的城墙属于西周时期的嘉峪城，形成了一个 3 里 ×3 里的方形。东北方的城墙则属于东周时期自周平王东迁至周景王止作为国都的王城。城墙北段保存完整，全长 2890 米。依东周度量制度，这应当是一座 7 里 ×7 里的都城，也并非《考工记》所记载的 9 里 ×9 里。即使是被认为最接近“匠人营国”形制的元大都，潘谷西先生也认为其“不但不是复

---

① 余霄 . 先王之制——以“周公营洛”为例论先秦城市规划思想 [J]. 城市规划，2014，38（8）：35-40.
② 陈寅恪 . 隋唐制度渊源略论稿 [M]. 北京：中华书局，1963.

《考工记》之古代都城典型，相反，倒是一个充分因地制宜、兼收并蓄、富有创新精神的都城建设范例”[①]。吴良镛先生认为“匠人营国”所描述的是一个“理想城”，是当时城市规划理想的一个概括[②]。

自宋起，历代诸多文人学者都曾尝试用图解来阐释这段文字所描述的空间模式。尽管并不完全相同，但基本上有四点共识：四方城、十二门、祖社轴线对称布局、朝市轴线纵深布局[③]。在笔者看来，这四点所表达的空间意图旨在宣示统治地位的合法权，其政治性远高于建设指导性。单从空间本身来讲，与城墙、城门相呼应的“方格网”道路体系，才是“匠人营国”城市空间的形式内核。除却象征权力空间的宫、祖、社，均质格网所划分出的均质单元——“里坊”，成为城市空间集聚的基本单元。

里坊制度传承自西周时期的闾里制，最初为对乡野居民进行编户管理的制度。《周礼・大司徒》中记载：“令五家为比，使之相保。五比为闾，使之相受。四闾为族，使之相葬。……”。这里的“闾”，一“闾”五“比”，共计二十五户人家，形成编户管理制度的一个基本单元。这种编户管理制度延伸至城市后，逐渐形成里坊制度。贺业钜依据《周礼・考工记》的记载，推演出周代王城“里”的基本布局形制。“里”的四周筑有围墙，围墙与干道相邻且四面开设里门。“里”内辟有巷道，通向各里门。“里”的大小不一，根据城市整体的规划布局划定，有正方形的，也有长方形的，居住着若干“闾”。至此，“里”同时具有了社会学和建筑学上的意义，既是编户管理制度的基层组织，又是城市规划建设的基本单元[④]。

里坊制度自西周诞生，历经千年，至唐宋时期被逐渐打破。由于尚未有保存完好的城市遗迹被发现，现今对于里坊内部具体的建筑空间布局并不明确。但不妨做一个有趣的假设。按东周度量制，同时参考洛阳东周城遗址挖掘实例，“里”的边长大约为 415.8 米。依据贺业钜的推断，一个正方形的“里”内大致有 8“闾”，即 200 户人家。当时每户人家的居住理想是由房屋、桑榆、蔬果、鸡彘组成的可以自给自足的院落生活空间。孟子将其归纳为“五亩之宅，树之以桑，

---

① 潘谷西 . 元大都规划并非复古之作——对元大都建城模式的再认识 [C]// 中国紫禁城学会论文集（第二辑）.1997：17-31.

② WU L Y. A brief history of ancient Chinese city planning[Z]. Kassel：Urbs et Regio，1985：4-5.

③ 武廷海，戴吾三 .“匠人营国”的基本精神与形成背景初探 [J]. 城市规划，2005（2）：52-58.

④ 贺从容 .《考工记》模式与希波丹姆斯模式中的方格网之比较 [J]. 建筑学报，2007（2）：65-69.

五十者可以衣帛矣。鸡豚狗彘之畜，无失其时，七十者可以食肉矣。百亩之田，勿夺其时，八口之家可以无饥矣”。若一户人家按 8 人计算，则“里”内大致的人口密度为 94 人 / 公顷。除去道路、坊间空地等，“里”内平均每户拥有至少 2.5 周亩的宅基地，约合 480 平方米[①]。当时住宅的建造习惯为“一堂二内”，并留有宽阔的场地用来种植作物。此外，从目前出土的汉代建筑明器中可以看到，院落内通常还会有供家畜生活的畜棚，以及囤放粮食的仓楼。若每户人家的建筑面积按 150 平方米来计算的话，一“里”的容积率大约为 0.17。显然，这样的空间密度比几千年前的加泰土丘要低得多。这与当时中国的城市中仍然保持着农耕的生活习惯有关。

当然，这个假设并不具有数据参考价值。本文作这样假设的目的，意在阐明如里坊制这样的单元化的空间集聚，研究单元自身的空间特性可以帮助我们对城市整体的密度进行把握。

在与《考工记》年代相近的时期[②]，具体来说是公元前五世纪左右，古希腊文明也出现了一种“方格网”形式的城市规划理论，即希波丹姆规划模式。希波丹姆是一位城市规划先驱，也是一位数学家和哲学家，他用规整的方格网不仅体现几何形态上的秩序和规律,同时用来确立合理的社会秩序。根据亚里士多德在《政治学》中的记述，希波丹姆提出的理想城设想是城中居住着一万名自由男性公民，加上其所属的妇女、儿童和奴隶，总人口在五万人左右。他将城市的功能问题与国家的政治管理体系联系起来，把市民分为士兵（soldiers）、工匠（artisans）和农夫（husbandmen），相应的土地也被分为神圣的（scared）、公共的（public）和私人的（private）三类[③]。他用正交的宽阔街道形成有序的、有组织的城市肌理。公共空间聚集在城市的中心而非随机布局，神庙、剧院、议会、市场和集市都紧靠在一起，用地大约占据几个街区的面积，并且是预先分配好的。

希波丹姆先后于公元前 479 年参与了米利都城的重建，以及公元前 460 年的比雷埃夫斯（Piraeus）城规划，将其规划思想付诸实践。在《比雷埃夫斯城市规

① 参见王贵祥 .“五亩之宅”与“十家之坊”及古代园宅、里坊制度探析 [J]. 建筑史，2005（0）：144-156.

② 因笔者比较倾向于《考工记》成书于先秦晚期的假说，因此这里认为《考工记》与希波丹姆的所处时代相近。

③ 文献来源：CHISHOLM，HUGH，Ed.“Hippodamus”. Encyclopædia Britannica（11th ed.）Cambridge University Press，1911.

划研究》（*Urban Planning Study for Piraeus*）①中，希波丹姆设计邻里街区的大小在2400平方米左右，由两层高的建筑组群所构成。这些建筑按直线排成一排，主要的立面朝南，由墙来彼此隔离。到公元前432年奥林索斯（Olynthus）城的北山（the North Hill）地区建设时，他已年届七十，史学家普遍认为其不太可能以如此高龄来直接参与规划，但奥林索斯城的规划却巨细无遗地体现了希波丹姆规划模式的特点。

与《考工记》中“匠人营国”的典制性质不同，希波丹姆规划模式具有很强的灵活性。首先，正交的方格网间隔并不完全统一，主要街道相距50~300米，次要街道相距30~35米②，划分出的街区可以为正方形也可以为长方形。其次，方格网的方向也并非正南北向，而是依据城市的地形地貌确定。此外，集中的公共空间的位置也会根据实际情况进行调整，而非一律位于城市中心。比如在奥林索斯城的案例中，集中的公共空间就位于整体规划范围的南部，占据了四个街区的空间，以保证南山、北山和经过奥林索斯的外国人都可以方便地到达③。

事实上，在希波丹姆所生活的时代，古希腊的城市形态普遍是复杂和混乱的，比如雅典——卫城山下的城市所呈现的是一种自然生长的状态。一方面是由于这些城市在形成之初和逐步发展的漫长岁月中，并没有一个贯彻始终的统领全局的规划；另一方面，作为经常遭遇纷争的城邦国家，这样的形态具有更好的防御性——弯曲交错的路径和到处都有的死胡同对于不熟悉城市的入侵者来说是一种有效的屏障。希波丹姆规划模式的矩形网格在这一点上似乎并不占优。但正是因为规整的方格网便于土地的丈量和划分，适应了希波战争（公元前490年至公元前478年）后快速新建和重建城市的需求，因而产生了广泛的影响。另一方面，根据当时的殖民地政策，前往新居住地的第一批移民有权平等分得城墙内外的土地④。希波丹姆规划模式体现的是民主平等的城邦精神，“方格网”的土地划分方式正与当时殖民城市的土地分配机制相契合。即使在几百年后的古罗马殖民时期的军事城寨中，希波丹姆规划模式也极为常见，提姆加德便是其中之一。

提姆加德位于北非阿尔及利亚，最初于公元1世纪左右由古罗马帝国的图

---

① 被认为是希波丹姆的著作，作于公元前451年。

② 贺从容.《考工记》模式与希波丹姆斯模式中的方格网之比较[J].建筑学报，2007（2）：65-69.

③ 文献来源：http：//www.museumofthecity.org/project/hippodamus-and-early-planned-cities/.

④ 贺从容.《考工记》模式与希波丹姆斯模式中的方格网之比较[J].建筑学报，2007（2）：65-69.

**图 23 提姆加德遗址**
照片来源：https：//www.amusingplanet.com/2015/10/timgad-ancient-roman-city-with-very.html，Photo credit：George Steinmetz。

拉真皇帝建立，到公元 8 世纪被彻底遗弃。城市的废墟在撒哈拉沙漠下得以保存（图 23），于 1881 年被首次发掘出来。这座军事城寨最初计划容纳 15000 人，占地约 10 公顷，人口密度约为 1500 人 / 公顷。第一批居民大部分是退伍军人，在服役后获得土地。几个世纪以来这座城市不断扩张，但后期的建设并没有遵循希波丹姆规划模式。根据联合国教科文组织公布的考古挖掘平面，遗址范围的总面积达 90 公顷左右，但最初规划范围内的城市遗迹保存最为完好，清晰地再现了公元 2~3 世纪罗马军事城寨的城市形态。

提姆加德的方格网呈北偏西约 5.5°，划分出约 21 米 ×21 米的规整的正方形邻里街区，城市公共空间集中位于南北中轴线南部。标准的邻里街区内是典型的罗马帝国时期民居，平面布局尽管无统一的形制，但多为两层的院落式建筑组群。本文选取了其中 3×3 的街区作为空间密度的研究对象，研究范围约为 80 米 ×80 米（图 24）。经测算，该研究单元的建筑密度约为 50%，容积率约为 1.0，平均层数为 2。

将二者进行对比的话，提姆加德最初的规划范围还不足《考工记》中所记述的一“里”的大小，但无论是人口密度还是空间密度，均高出许多。这也从一个侧面反映出东西方城市文明从最一开始所作的不同选择。当人类社会还处于冷兵器时代时，城市是拥有城墙和国家机器庇护的更为安全的财富聚集地。在古希腊的城邦制中，城市与乡野是相对独立却又相互依存的经济政治共同体。城邦间频繁的纷争与掠夺使得城市以尽可能集约的方式浓缩在城墙之内，防御体系成本往往需要较高的城市人口密度来承担。而我国古代建立在发达农业生产基础上逐渐形成了封建制的集权社会。国境内军事重镇和都城的防御成本并不由城市本身的

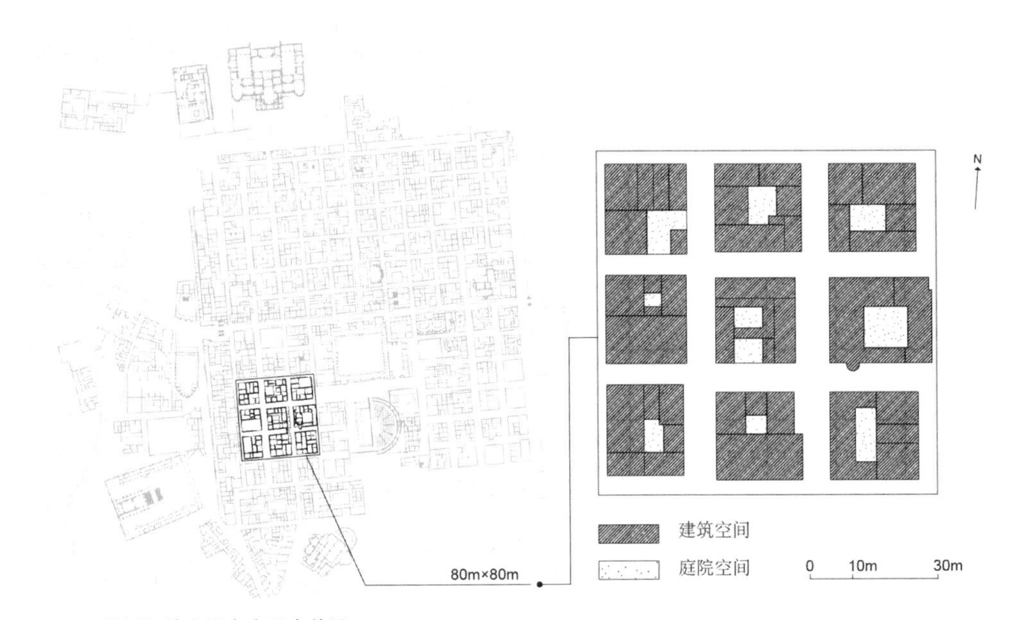


**图 24 提姆加德空间密度研究单元**

图片来源：笔者自绘。左图中考古平面图来自 https：//commons.wikimedia.org/wiki/File：Timgad_-_Expansion_in_2nd_and_3rd_Century.jpg，由 Frederik Pöll 根据 BENEVOLO，L'arte e la città antica，Laterza，1981 书中插图绘制。

人口直接承担，而是由国家政权所掌控。一般城镇的军事环境又较为安全，防御成本可以低到不足以对城市规模产生影响。另一方面，"里坊制"的城市格局可以理解为是"井田制"农业经济生产管理的空间演化，无论是城市的现世生活还是先人的宜居理想均从未完全脱离农作活动。因此，我国古代城市选择了一种更为松散的低密度形态。

无论密度的高低，在《考工记》的"匠人营国"思想与希波丹姆规划模式中，正交的网格体系正是人类理性逻辑思维最直接的形态呈现，使得城市空间以单元化的方式集聚在"方格网"架构内。同时也反映出东西方城市文明在早期快速发展阶段都选择了一种最为高效的丈量和分配土地的应对策略。但"方格网"形态本身也具有局限性。因其对地形变化和原有地籍权属的要求较高，因而在实际建设中或者依赖强大的极权保障实施，或者需要作出相应的变形妥协。

# 第十一章　资本化的空间集聚

“三百五十年前的巴黎，十五世纪的巴黎，已经是一座大都市了。我们这些巴黎人，对于从那以后所取得的进展，普遍抱有错误的想法。其实，从路易十一以来，巴黎的扩展顶多不超过三分之一，而且，其美观方面的损失远远超过了在范围扩大方面的收获。

……罗曼式样的巴黎在峨特式样的巴黎的淹没下消失了，到头来峨特式样的巴黎自己也消失了。谁能说得上代替它的又是怎么样的巴黎呢？

在杜伊勒里宫，那是卡特琳·德·梅迪西斯的巴黎；在市政厅，那是亨利二世的巴黎，两座大厦还是优雅迷人的；在王宫广场，是亨利四世的巴黎，王宫的正面是砖砌的，墙角是石垒的，屋顶是石板铺的，不少房屋是三色的；在圣恩谷教堂，是路易十三的巴黎，这是一种低矮扁平的建筑艺术，拱顶呈篮子提手状，柱子像大肚皮，圆顶像驼背，要说都说不来；在残老军人院，是路易十四的巴黎，气势宏大，富丽堂皇，金光灿烂，却又冷若冰霜；在圣絮尔皮斯修道院，是路易十五的巴黎，涡形装饰，彩带系结，云霞缭绕，细穗如粉丝，菊苣叶饰，这一切都是石刻的；在先贤祠，是路易十六的巴黎，罗马圣彼得教堂拙劣的翻版（整个建筑呆头呆脑地蜷缩成一堆，这就无法补救其线条了）；在医学院，是共和政体的巴黎，一种摹仿希腊和罗马的可怜风格，活像罗马的大竞技场和希腊的巴特农神庙，仿佛是共和三年宪法摹仿米诺斯法典，建筑艺术上称为穑月风格；在旺多姆广场，是拿破仑的巴黎，这个巴黎倒是雄伟壮观，用大炮铸成一根巨大的铜柱；在交易所广场，是复辟时期的巴黎，雪白的列柱支撑着柱顶盘的光滑中楣，整体呈正方形，造价两千万。

……

因此，今日巴黎并没有整体的面貌，而是收藏好几个世纪样品的集锦，其中精华早已消失了。如今，京城一味扩增房屋，可那是什么样子的房屋呀！

照现在巴黎的发展速度来看，每五十年就得更新一次。于是，巴黎最富有历史意义的建筑艺术便天天在消失，历史古迹日益减少，仿佛眼睁睁看这些古迹淹在房舍的海洋中，渐渐被吞没了。我们祖先建造了一座坚石巴黎，而到了我们子孙，它将成为一座石膏巴黎了。”①

这是维克多·雨果（Victor Hugo）在《巴黎圣母院》中描绘的1831年左右的巴黎城景。显然，雨果对于当时城市的快速扩张和新建的石膏房屋颇有微词。时值“七月革命”结束，巴黎成立新的君主立宪政体政权，同时法国的工业革命也已悄然兴起。资本主义的发展成就了一批新兴富裕阶级，也吸引着更多的异乡人涌入巴黎来谋生和淘金。1853年，出任塞纳省省长的奥斯曼男爵在拿破仑三世（Napoléon Ⅲ）的支持下，开始主持进行巴黎大改造工程，使得一个已经不能适应时代需求的城市获得新生。奥斯曼对于时代发展的敏锐洞察力和调动各方资源的领导力，加上专制君主的无条件信任和市政委员会的持续支持，这些不可多得的人为因素在这项世纪工程的进行中缺一不可，也因此成就了巴黎大改造的独一无二。抛开来自政治意识形态和建筑形式风格方面的争议，“奥斯曼的贡献是通过巴黎改造，实现了第一个工业大都市转变的范例，同时形成了一个学科（城市规划），从此城市空间成为应用科学的研究对象”②。

这项改造工程针对的并不仅仅是物质空间，还包括与之紧密相关的社会空间组织，是对于时代变革的全面回应。“在1835~1848年间，‘巴黎成为世界上最大的工业城市’，1846年在总共100万居民中有40万是工厂雇员”。③“1851~1856年每年离开农村迁到城镇的居民数量被估算为13.5万人，而巴黎地区更是吸收了全部迁入城镇人口数量的45%”。④到拿破仑三世在位时期，法国的资产阶级已经逐渐掌握了国家和城市的统治权。以奥斯曼为代表的城市统治阶级首先要面对的是如何容纳大量人口的问题。

在提交给1860~1861年塞纳省议会的有关住宅市场的报告中，奥斯曼指出重

---

① 雨果.巴黎圣母院[M].李玉民，译.北京：光明日报出版社，2009.

② 弗朗索瓦兹·邵艾，邹欢.奥斯曼与巴黎大改造（Ⅰ）[J].城市与区域规划研究，2010，3（3）：124-141.

③ 菲利普·巴内翰，让·卡斯泰，让-夏尔·德保勒.城市街区的解体——从奥斯曼到勒·柯布西耶[M].魏羽力，许昊，译.北京：中国建筑工业出版社，2012：7.

④ 朱明.奥斯曼时期的巴黎城市改造和城市化[J].世界历史，2011（3）：46-54+158.

建住宅的数量是拆除的两倍[①]。即便如此仍无法满足需求。同时，伴随着重建住宅的质量和舒适度的大大提升，租金也大幅上涨，经济条件较差的社会阶层显然无法承担。对此，奥斯曼的对策是通过竞争来发展房地产市场，在城市郊区开发大片低廉空地，使其城市化，并扩建道路使其通达。从 1800 年到 1892 年，巴黎城市的建成范围有了极大扩展。与同时期的伦敦不同，当时的巴黎城墙[②]仍然存在。奥斯曼突破城墙的空间束缚，将征收城市税的地理界线与城墙之间的郊区部分也一起纳入到城市总体的统筹规划之中，不得不说是极富远见的。

奥斯曼还提出一种城市管理方法，即生产性支出的理论。这种理论提倡不再将城市财政剩余用于短期的直接干预，而是作为相当大额的长期贷款利息。城市被像资本主义商务那样管理[③]。城市内居住空间的大量短缺既是客观存在，同时也为逐渐积累起来的剩余资本提供了机会。密度已不再仅仅是城市空间的某种物理属性，只存在于报告和研究的数据中，而是可以转化为资本运作的真金白银。

得益于欧洲城市遗产保护的重视传统以及 1962 年颁布的《马尔罗法》（*Malraux Act*），今天的巴黎老城基本保持了奥斯曼改造工程后整体的空间格局和城市风貌，老城内的路网结构并没有发生大的变化。大部分的建筑物建成于 19 世纪下半叶，尽管单体建筑时有更新或重建，但依旧遵循奥斯曼改造时所制定的建筑高度和连续立面的控制要求。今天巴黎老城的城市空间密度与 1892 年时的并无太大差异。这使得我们可以通过今天巴黎老城的城市空间密度测算，来对那一时期巴黎的城市空间密度有所了解。

选取以戴高乐广场（Place Charles de Gaulle）为中心的 1 平方千米的城市范围作为研究样本（图 25）。经测算，这一区域的城市总体建筑密度为 46%，容积率为 2.7，平均层数为 6。其中，与城市空间的资本运作行为最直接相关的指标——容积率为 2.7，可以说是一个不低的数值。作为参考，2016 年上海人民广场地区的城市总体容积率为 2.5，陆家嘴金融中心地区的城市总体容积率为 2.6[④]。而戴高乐广场地区的城市总体密度绝不是当时巴黎中心区最高的，环形广场与十二条放

① 弗朗索瓦兹·邵艾，邹欢．奥斯曼与巴黎大改造（Ⅰ）[J]. 城市与区域规划研究，2010，3（3）124–141.

② 这里的城墙指的是梯也尔（Thiers）时期修建的城墙，直到 1924 年才被拆除。

③ 菲利普·巴内翰，让·卡斯泰，让－夏尔·德保勒．城市街区的解体——从奥斯曼到勒·柯布西耶 [M]. 魏羽力，许昊，译．北京：中国建筑工业出版社，2012.

④ 这里的容积率数值是按照本文研究变量的定义测算所得。

**图 25 戴高乐广场地区鸟瞰图及研究单元平面图**

图片来源：左：https：//www.theatlantic.com/photo/2013/07/paris-from-above/100556/；右：笔者根据 http：//www.openstreetmap.org 数据自绘。

射状大道显然降低了建筑密度。也就是说，19 世纪末巴黎城市中心区的空间总体密度比如今上海的城市中心密度还要高。

这也并非是一个令人匪夷所思的测算结果。莱斯利·马丁和列涅尔·马奇的研究就曾得到这样的结论——“周边式”布局也可以达到很高的空间容量并且对土地更加高效地利用。事实上，伴随着工业革命的发展和最初的城市化进程，自 19 世纪初巴黎城市的空间密度就已经很高了。1850 年之前，巴黎市中心的城市肌理由大量建于狭小街区上的建筑构成，通常是两到四层，并围合形成街区内部的庭院。随着时间的推移，建筑层数不断增加，到奥斯曼进行改造之前，巴黎城中的建筑就普遍达到了五至六层的高度。原本的内院也逐渐被永久性建筑填满，这样的趋势导致密度急速上升。但与高密度随之而来的是城市空间品质的恶化。到“1848 年，巴黎变得越来越不适合居住。人口不断增加，铁路又在不断地运送来移民……那些腐臭的、狭窄的、错综复杂的小街巷禁锢着人们，令人窒息。卫生、安全、交通便捷和公共道德，所有这些都被其阻碍”①。

交通、卫生、治安的混乱不堪，表明城市空间扩张的无序和不受控。这样的高密度体现了资本的敏感和贪婪，但却是勉强的、不可持续的。改造工程首先从疏解交通压力和改善建筑质量开始。在奥斯曼的任期内，巴黎市各种道路的总长

① 弗朗索瓦兹·邵艾，邹欢．奥斯曼与巴黎大改造（Ⅰ）[J]. 城市与区域规划研究，2010，3（3）：124–141. 原文引自 M. D C. Paris，ses organs，ses fonctions，sa vie，dans la deuxième moitié du XIX8 slècle[M]. Paris：Hachette，1869–1875，（5）：333.

度从1852年的385千米增至1870年的845千米①。新开辟的道路并未完全抛弃城市原有的路网肌理，而是在其之上新增加了一个层次——巴洛克轴线式的林荫大道。这些大道所带来的不仅是壮丽的街景和治安的便利，还为巴黎城市的分形结构增加了一个层级，使城市空间的联系更加多元和复杂。对此，大卫·哈维评价道："外在空间关系的转变，迫使巴黎必须加紧让自身的内部空间更加合理。奥斯曼在这方面的功绩，理所当然地成为现代主义都市计划的伟大传奇。……他并不是要兴建'与各地区毫无关联也毫无纽带关系的大道通衢'，相反，他希望能有一个'通盘的计划，能够周详而恰当地调和各地多样的环境'。都市空间应视为一个整体，城市各个分区与不同功能应互相支持以形成可运作的整体。……新空间关系对于巴黎的经济、政治和文化影响深远，对于巴黎人的感性更是影响巨大"②。

改造过程中，奥斯曼因拆除了许多古典主义时期的府邸而备受争议，被认为是对巴黎城市文化遗产的亵渎。但从城市形态的宏观尺度来看，奥斯曼在进行建筑的拆除和重建时，并没有颠覆原本城市的街道空间尺度。新打通的交通与新的道路规范相结合，诞生了新的城市居住建筑类型。奥斯曼式的住宅与街道的尺度相匹配，平面布局多样灵活，界面连续且有丰富精致的装饰，使得整个巴黎形成了一种风格上的统一和协调。这种城市美学特征成就了今天巴黎独有的空间气质。

改造工程不但使高密度的城市空间得以一种更加优雅的姿态呈现，更重要的是建立了支撑高密度存续下去的基础——供水、排水、煤气（用来照明）。奥斯曼致力于建立覆盖整体城市的均质网络，使公共资源得到公平分配，供市民自由共享。他还提出"葱郁空间"的概念，即"散步与植栽的场所"，建立多层级的城市"呼吸系统"，包括城市郊野的大型绿地，城市内部封闭的公园、台地广场、街头的公共小花园，以及所有的林荫大道。这个"呼吸系统"与我们今天所说的城市绿色公共空间功能相近，它与城市其他基础设施联系在一起，有效地加强了社会各阶层之间的联系，被喻为"所有人的奢侈"。这些都是保障高密度人口聚居有序而健康的重要因素，也是一座现代化城市的重要标志。

---

① 朱明.奥斯曼时期的巴黎城市改造和城市化[J].世界历史，2011（3）：46-54+158.

② 大卫·哈维.巴黎城记[M].黄煜文，译.南宁：广西师范大学出版社，2010.

19 世纪至 20 世纪是工业社会快速发展的时期，不只是巴黎，整个欧洲都在经历前所未有的巨大变革。或者像奥斯曼一样在中世纪城市的基础上进行现代化的改造和扩建，或是接受埃比尼泽·霍华德（Ebenezer Howard）的田园城市理论，建立“城市－乡村”（town–country）这种新的聚居类型。与奥斯曼的改造工程不同，霍华德并没有给予田园城市以明确的空间形态，而只是一种理想下的空间模式。他对于田园城市的思考更多在于“如何使高工资与低租金、低税收相结合；如何保证所有的人享有丰富的就业机会和光辉的前途；如何能够吸引投资、创造财富；如何能够确保最令人羡慕的卫生条件；如何能在到处都见到美丽的住宅和花园；如何能扩大自由的范围，并使愉快的人民享有一切通力协作的最佳成果”[1]。但不论是何种选择，城市的执政者和规划者都意识到资本运作和经济行为对城市空间形态的形成所起的重要作用。反之亦然，城市空间形态所承载的也不只是形式本身，还有更为丰富的社会经济意义。现代城市规划作为一门综合性的学科而逐步形成。与之相应，密度也从城市空间形态的一个隐含的物理属性，开始转变为左右城市形态形成的重要因素，尽管此时，描述城市空间密度的概念还尚未提出。

① 埃比尼泽·霍华德．明日的田园城市 [M]. 金经元，译．北京：商务印书馆，2010：9–10.

# 第十二章　打破均质的空间集聚

一个概念的提出，通常表明人们需要用其来描述、分析某种现象和问题。城市空间密度的相关概念也是如此。它们于20世纪中后期相继出现，意味着当代城市空间形态的某些状态，是需要通过密度来理解和阐释的。

前文中探讨了20世纪之前的若干城市形态的空间集聚方式。所处的时代不同，文明不同，所呈现出的空间密度也大为不同。但有一点却是相同的，城市是均质的。无论是新石器时期的加泰土丘，还是19世纪的巴黎，城市各部分的空间集聚程度虽有些许差异，但总体上大都呈现一种水平展开均质铺陈的状态。进入20世纪后，现代城市空间形态的重大变化体现在城市不再是扁平的，也不再是均质的。

城市空间是静止的，但生活在城市中的人却不是。人的日常行为交往都需要在城市空间中进行移动。空间移动能力指的是人在城市整体层面上可以实现的移动速度和效率。它决定了人在一定时间内可以到达的空间范围，包括水平方向和垂直方向上的。人类进入现代社会后，正是19世纪的两项重大科技进步——机械动力车和安全升降机的发明，极大地提升了人的空间移动能力，从而对现代城市空间的集聚方式和集聚程度产生深远影响。

首先，人在水平方向上可以实现的移动速度在不断变快。最初，人的移动方式只有步行，速度一般为5千米/小时左右。驮畜和有轮交通工具的相继出现，加快了人的移动速度。比如普通人骑自行车的速度为8千米/小时到12千米/小时，乘坐畜力车的速度可以达到20千米/小时，骑马奔跑的速度可以达到40千米/小时。但在古代，乘坐交通工具属于奢侈品，并非是普及大众的交通方式。城市道路的狭窄和人车混行的状况，使乘坐交通工具的移动速度往往无法达到其上限。从城市宏观尺度上看，一位步行的古罗马士兵和一位乘坐四轮马车的英国绅士的空间移动能力并无太大差异。

蒸汽机的发明开辟了人类利用能源的新时代，也开启了工业革命的进程。前人不断尝试将新能源通过新技术运用于日常生产生活。1885 年，德国工程师卡尔·奔驰（Karl Friedrich Benz）发明了第一辆内燃机三轮汽车，时速达 16 千米 / 小时，问世后引起了轰动，但仍只是欧洲贵族阶级的消费品。1908 年，美国人亨利·福特（Henry Ford）的汽车公司生产出福特 T 型车。它不但结构简单，驾驶方便，可靠耐用，最重要的是价格低廉（图 26）。T 型车最初的售价为 825 美元，相当于同类车型的三分之一。之后福特对传统的生产方式进行了改进，于 1913 年建立了第一条流动的生产线，大大提高了生产效率，同时降低了成本。到 1921 年，T 型车的产量已占世界汽车总产量的 56.6%，而此时的售价也降到了 260 美元，与当时美国普通家庭的年收入水平大致相同。T 型车的巨大成功使汽油内燃机汽车大量进入美国的普通家庭，逐渐成为被广泛使用的交通工具。

与此几乎同时，地铁作为大运量的公共交通也发展起来。1863 年，世界上第一条市内载客地下铁路——大都会铁路（Metropolitan Railway）于伦敦通车。地下铁路由蒸汽机车牵引，线路长度约 6.5 千米。通车当天即有四万名乘客搭乘该条线路。

之后，现代交通工具的快速发展使人类的空间移动速度越来越快，移动效率也大大提升。当代城市中，发达的高速道路网络可以使汽车在城市中的移动速度达到 80 千米 / 小时，甚至达到 120 千米 / 小时。在人口稠密的大城市中，高效的地铁系统可以承担上百万人次的日客流量。

但需要指出的是，人类在水平方向上的空间移动能力并不只有速度这一个衡量维度。不同的交通方式除了在移动速度上的差异外，还有可达性的差异

图 26 1885 年的奔驰三轮汽车和 1908 年的福特 T 型车

图片来源：左：https：//en.wikipedia.org/wiki/Karl_Benz#/media/File：1885Benz.jpg；右：https://yp.xcar.com.cn/wiki/detail_189.html。

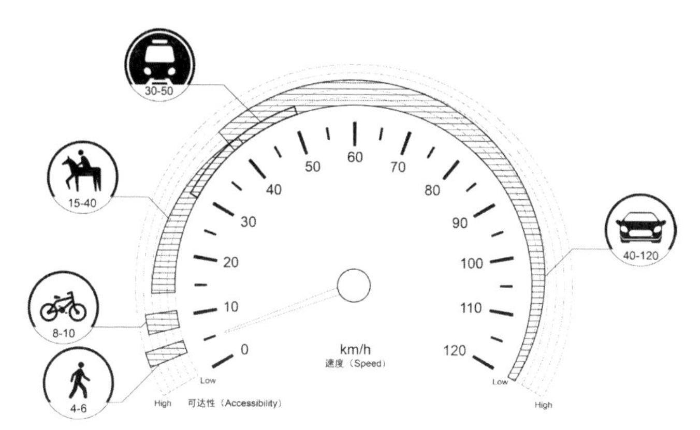


**图 27 现代城市中不同交通方式的空间移动速度与可达性差异**
图片来源：笔者自绘。

（图 27）。所谓移动的可达性，是指选择某一种交通方式可以到达的城市空间的范围。步行作为最基本的移动方式，速度虽然低，但可达性最高。人类借助其他交通工具提高移动速度和效率，但在可达性上却有所牺牲，同一种交通工具的速度也常常与可达性呈反比。例如，汽车作为现代社会最主要的交通方式之一，在城市中的行驶速度从 40 千米 / 小时到 120 千米 / 小时不等。在普通道路上，汽车的行驶速度被限制在 40 千米 / 小时到 60 千米 / 小时，在封闭的快速道路上，行驶速度方能达到 80 千米 / 小时以上。但封闭的快速道路只有在固定的出入口才与外界的道路网络相通，因此可达性大大降低。城市轨道交通系统也是如此。因为轨道线路所经过的城市范围有限，且需要有固定的站点出入接驳，所以可达性最低。科幻小说中“瞬间移动”的超能力之所以迷人，正是因为它是高速度与高可达性的完美结合，可惜在目前的技术手段下无法实现。

现代社会的城市空间需要不断地改变自身来适应新的交通方式的速度和特征。又或者说，人类在水平方向上的空间移动能力的改变促使城市空间形态的集聚方式发生变化。这主要体现在两个方面：一是，移动速度的提升意味着在可接受的通勤时间内人类可以移动的空间距离增大，城市在水平方向上可以拥有更广阔的规模；二是，不同交通方式的空间移动能力存在显著差异，导致了城市空间不再是均质的。传统城市中，交通方式虽不单一但本质上空间移动能力无太大差别。因此，人在城市中匀速的移动，城市空间也以均质的状态集聚。而现代城市中，高速、高效交通方式的出现打破了这种均质，其可达性上的局限更使得城市空间呈现一种爆炸式的跳跃扩散（图 28），从而导致现代城市空间的集聚呈现出显著的分布差异。这是现代城市空间有别于传统城市空间的一个重要特征。

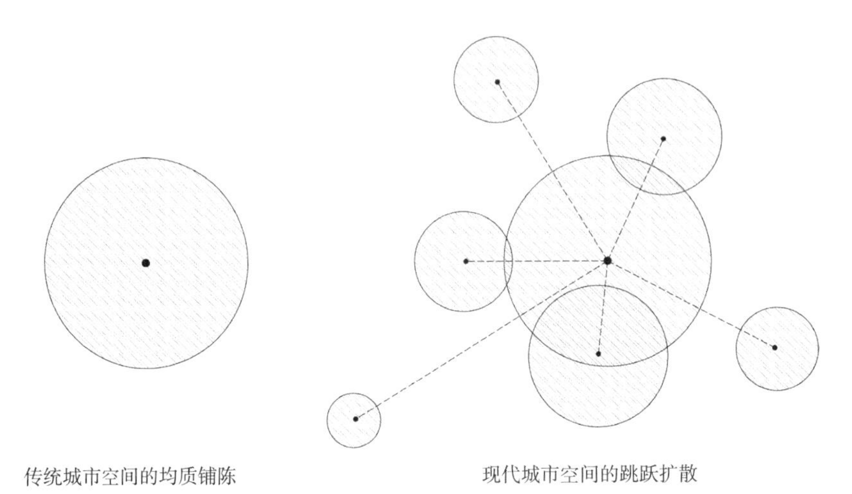


**图 28 现代城市与传统城市的空间集聚方式对比**
图片来源：笔者自绘。

传统城市空间集聚的均质性不仅体现在水平方向上，也体现在垂直方向上。前文中提到，19 世纪巴黎城市中建筑的高度普遍为五至六层。以当时的工程技术，建筑物的层数突破七层并非无法实现。但受到人类身体机能的限制，攀爬到达更多层数的高度需要耗费大量能量和时间，并不适合于日常生活。因而传统城市空间中建筑高度差异不大，总体在三维上呈现扁平状。

古代东西方都出现过如辘轳之类的垂直运送工具，近百年来人类也尝试制造过各种类型的升降机，但都有一个共同点，即起吊绳突然断裂后升降装置会急速坠落。这对于想要运送人来说是致命的缺陷。1854 年，美国发明家伊莱沙・格雷夫斯・奥的斯（Elisha Graves Otis）在纽约水晶宫展览会上公开展示了他的发明——带有制动器的升降机（图 29）。制动器使得升降平台即使在吊绳突然断裂的情况下依然能保持原位而不下坠，大大提高了安全性。1857 年，纽约一家五层楼高的商店安装了第一部使用奥的斯制动装置的客运安全升降机。

库哈斯将安全升降机称为“地上所有水平表面的救世主”。他在《癫狂的纽约》一书中写道：“‘奥的斯’（Otis）的装置拯救了飘浮在惨淡投机气氛中的数目不详的平面，显示了它们在都会的悖论之中的巨大优势：越是超拔于地面，反倒是越亲近于那些仅存的自然（光和空气）。……在 19 世纪 80 年代早期，升降机和钢框架携手，从此便可独力支撑起新发现的领地，自己却不占空间。这两项突破相互补益，使得任何建筑基址如今都可以无止境地叠加，使得楼层面积激增，这便是

**图 29　奥的斯向公众展示他发明的安全升降机**

图片来源：https：//en.wikipedia.org/wiki/Elisha_Otis#/media/File：Elisha_OTIS_1854.jpg。

摩天楼”[①]。库哈斯将摩天楼理解为一种乌托邦式的装置，“它可以在单一的基址上创生无限数目的处女地”。他认为，摩天楼的本质是地面空间在垂直方向上的叠加延展。

摩天楼的出现，改变了人类城市扁平状横向铺陈的历史，著名建筑评论家阿达·路易斯·赫克斯特布尔（Ada Louise Huxtable）更是将其称之为一个建筑奇迹，与 20 世纪同义。同时，摩天楼也使城市空间在垂直方向集聚的上限有了大幅提升，从而打破原本的均质性。

综上，进入 20 世纪后人的空间移动能力有了质的飞跃，深刻地影响了现代城市空间的集聚方式。城市突破速度掣肘和重力束缚向三维空间急速蔓延，空间的密度开始呈现出差异分布的特点。而差异的出现，正是密度问题需要被关注和探讨的先决条件。

---

① 雷姆·库哈斯．癫狂的纽约：给曼哈顿补写的宣言 [M]. 唐克扬，译．姚东梅，校译．北京：生活·读书·新知三联书店，2015：127.

# 第十三章　勒·柯布西耶与“现代城市”

19 世纪的人类社会经历着巨变，科技的进步推动着城市文明走向现代化，真正意义上的“大城市”开始出现。最显著的特征便是城市人口的激增，伦敦、纽约、巴黎、柏林这些城市无一例外。这种推动甚至带有一点“裹挟”的意味——人类似乎还未作好迎接“大城市”的准备。勒·柯布西耶称“大城市”[①]（Grand Ville）是一个新兴的事物，更是“明日之威胁”，具有破坏性的后果。这样的担忧在今天的中国似乎依然存在：那些大城市总是处于一种充满吸引力却又不堪重负的状态，公共服务的提供永远在筋疲力竭地追赶着人口增长的速度。

1925 年，巴黎世博会开幕，主题为“装饰艺术与现代工业”。柯布西耶在“新精神馆”中展出了他对巴黎市中心的改造规划研究。柯布西耶很早就意识到汽车的出现将对城市的发展产生深远影响，于是他构思了能够引起汽车制造商兴趣的规划方案。方案最终受到了瓦赞（Voisin）公司的资助，因而被称为“瓦赞规划”（Plan Voisin）（图 30）。

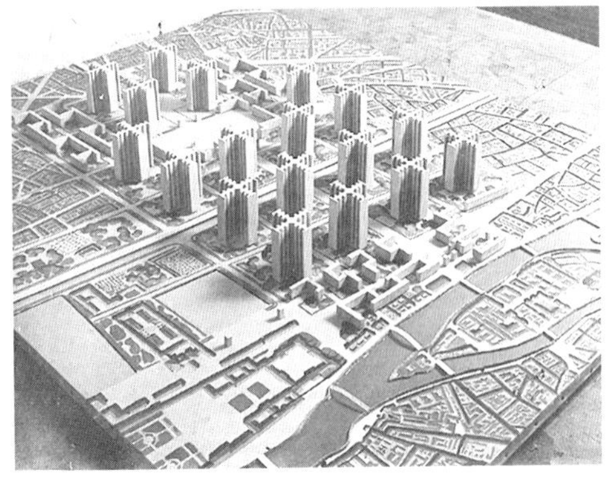

**图 30　巴黎世博会上展出的“瓦赞规划”**
图片来源：左上，右：勒·柯布西耶基金会官网，http：//www.fondationlecorbusier.fr/corbuweb/default.aspx；
左下：https：//tomorrow.city/a/ville-radieuse-city。

① 在我国的学术体系中更多是称为“大都市”，这里采用的是《明日之城市》李浩版中译本的说法。

在“瓦赞规划”中，柯布西耶以革命性的姿态将巴黎的中心区完全推平，只保留一些历史建筑，然后用均质的方格网对场地进行重新掌控，置入“十”字形摩天楼和锯齿形封闭街区，构建符合汽车时代的商业新城和住宅新城。相较于方案周边传统的巴黎城市肌理，“瓦赞规划”无疑是“天外来物”般的存在。这对于柯布西耶来说是一种必要的手段。20 世纪 20 年代的他，既不是政府的规划顾问，也不是知名建筑师，在世人眼里只是个会异想天开的乡下进城青年。之所以选择巴黎市最中心的玛黑区（Le Marais）作为改造对象，是引起话题关注和讨论的一种策略。柯布西耶指出，“‘瓦赞规划’并不旨在为巴黎市中心提供十分具体的最终解决方案。但它有利于引发符合时代精神的讨论并提出正确范畴内的问题”[①]。

“瓦赞规划”是柯布西耶城市规划思想的一次“发布会”式的实践。早在 1922 年的巴黎秋季沙龙展览会（Salon d’Automne）上，柯布西耶就曾展示他规划的一个 300 万居民的“现代城市”。这是一个理想状况下的规划构想。这座“现代城市”没有城墙，更没有城门，进入城市的门户是位于城市最中心的中央车站。车站周围是 24 栋摩天大楼的标准化空间，矗立在宽阔的绿荫之中，共计容纳 40 万至 60 万居民，左右两侧是公共服务设施、博物馆和大学等。高架的汽车高速道路通向外围的住宅社区，锯齿状或者密闭式的，可容纳 60 万居民。再往外是英式花园、保护区，以及可以容纳 200 万甚至更多居民的花园新城。

柯布西耶敏感地认识到现代城市的核心议题是效率——“城市，一旦驾驭了速度，就驾驭了成功”。他认为应当提高城市中心和商业中心的密度，而高效的交通是高密度城市空间的首要前提。他设想了多种交通方式复合的立体交通模式，更是将中央车站设计为一个巨型的立体交通枢纽：顶层为 20 万平方米的供出租飞机降落的平台，夹层为高架的汽车高速道路，一层为地铁、郊区铁路、快速干道及航空飞行的大厅和售票处，地下一层为服务城市和主要干道的地铁网，地下二层为环形单向的郊区铁路，地下三层为外省铁路线。

其次，柯布西耶指出 20 世纪初的大城市为了提高密度牺牲掉了城市的“肺”——植被。因此，在“现代城市”中，增加植被面积的同时又减少通勤的距离，就需要兴建垂直方向发展的城市中心。175 米高的摩天大楼是垂直发展的城市社区：每天有 1 万至 5 万名员工聚集于此，他们是城市的智囊，支配着所有活

① 勒·柯布西耶．明日之城市 [M]. 李浩，译．方晓灵，校．北京：中国建筑工业出版社，2009：268.

动的详细安排和组织管理工作。摩天大楼下的中央广场内是咖啡馆、餐厅、精品店和各种娱乐场所，巨大的花园在这里蔓延，配以具有强烈秩序感的景观。

在城市中心，柯布西耶主要设计了三种类型的城市空间：摩天大楼、锯齿状住宅社区和密闭式住宅社区，并对三者的人口密度进行了设定，分别为 3000 人 / 公顷、300 人 / 公顷、305 人 / 公顷。他认为这样的密度缩减了通勤距离并确保了便捷的通信联系。当时巴黎的平均人口密度为 364 人 / 公顷，稠密地区为 533 人 / 公顷。单从人口密度的重新配置中不难看出，柯布西耶在设计初始就将城市空间的集聚程度设定为具有显著差异的，他希望用摩天大楼垂直社区来吸纳更多的人口，同时用大面积的地表植被来保障城市的健康。那么"现代城市"的空间密度到底如何呢？本文从这三种类型的城市空间中各选取了 1 平方千米的研究单元，进行密度测算（图 31）。摩天大楼垂直社区的容积率为 2.4，建筑密度为 4%，平均层数为 60[①]。锯齿状住宅社区和密闭式住宅社区的容积率分别为 0.83 和 0.59，建筑密度分别为 14% 和 9.9%，平均层数均为 6。前文中提到 19 世纪巴黎戴高乐广场地区的容积率约为 2.7，建筑密度为 46%。对比后可见，"现代城市"中摩天大楼垂直社区的人口密度是巴黎戴高乐广场地区的 6~10 倍，而空间容量却还有所不及。另外两种住宅社区的空间密度和空间容量则更低。这也从一个侧面反映出柯布西耶认为应当提高城市中心的空间利用效率，符合他一直所倡导的"机器美学"的理念追求。

在 20 世纪的诸多规划思想理论中，柯布西耶的"现代城市"是城市空间集聚发展的代表。同时期，赖特提出了"广亩城市"——一种更为分散形态的理想城市模式。它展示了"以方格网的机动交通体系所架构起来的约 1036 公顷地块上的景观，建筑散落在一片风景优美的农业景观之中，中间是一系列以家庭为单位的最小尺度的住宅所组成的社区"[②]。每个市民在以自己家庭为中心的、半径 16 千米（10 英里）到 32 千米（20 英里）的范围内，可以根据自己的选择拥有所有形式的生产、分配、自我完善和娱乐。而这一切都可以通过自己的汽车或者公共交通来实现。

一直以来，人们认为 20 世纪美国大规模的郊区化现象是赖特"广亩城市"思

① 计算中并不包括中央车站和地下空间的面积。
② 黄潇颖 . 消失的城市：一个建筑师的城市替代方案 [J]. 时代建筑，2013（6）：56–59.

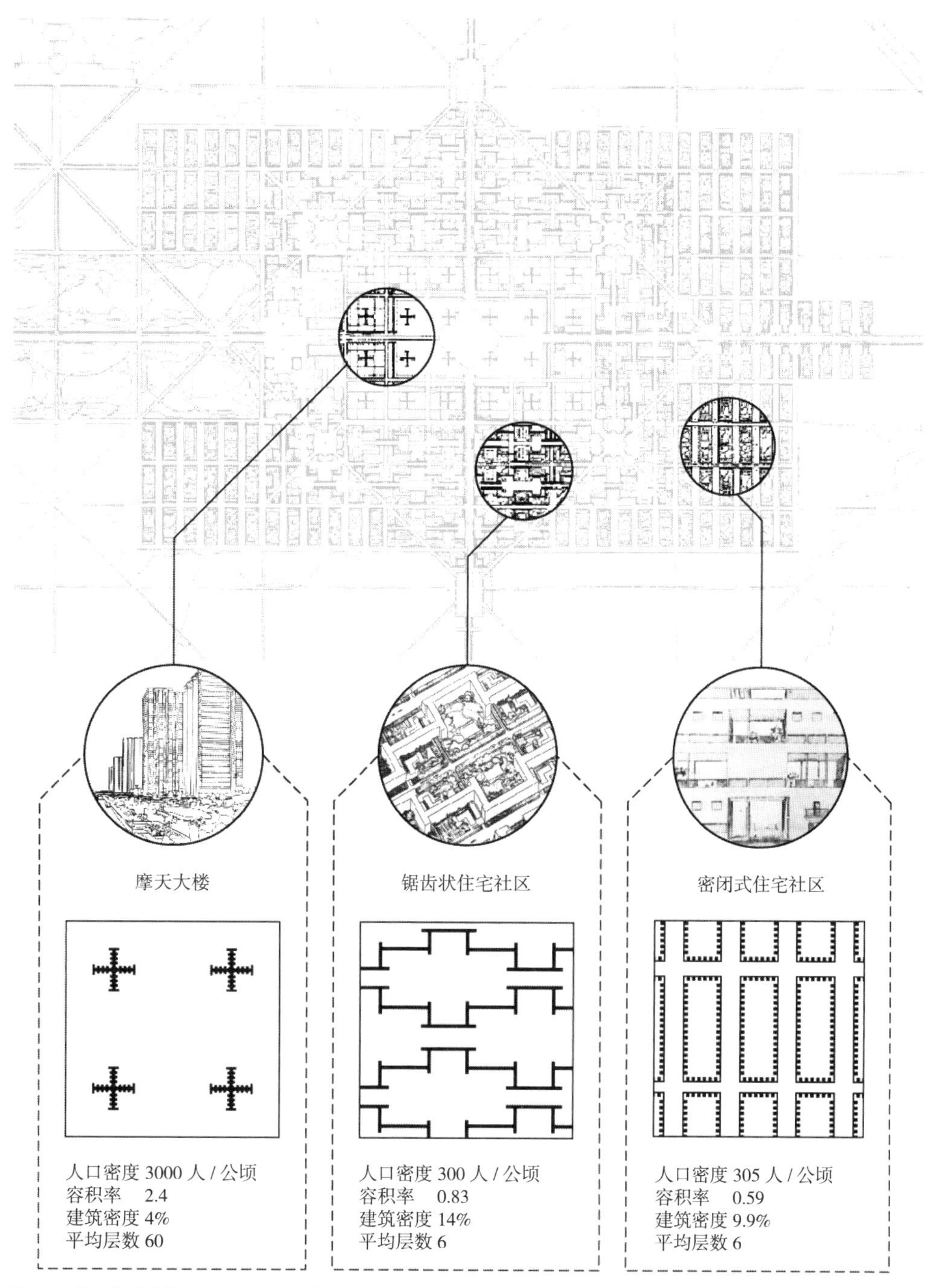


**图 31 “现代城市”三种城市空间类型的密度研究**
图片来源：笔者自绘。

想的某种再现。笔者认为这是一种误解。“广亩城市”展示的是建立在高速、发达的联系网络基础上带有强烈乌托邦色彩的民主社会构想。它所依赖的信息、物质传输效率远非目前的汽车和公共交通技术所能达到。其实美国的郊区化现象更加接近于柯布西耶的“现代城市”构想。当人们谈到“现代城市”时，往往被高耸的摩天大楼、宽阔的车行道和绿树成荫这样的视觉冲击所吸引，而忽略了一个事实：这座城市的 300 万居民中仅有 100 万左右居住在城市中心的摩天大楼、锯齿状住宅社区和密闭式住宅社区中，还有近三分之二的人口是居住在远离城市中心的郊区——花园城市。花园城市里有别墅、工人住宅区的独栋住宅或供租住的工人住宅，通过高速汽车道路和轨道交通与城市中心进行联系。这样的景象才是当今全世界范围内城市郊区的雏形。

再回到本章开头所提到的，柯布西耶将“大城市”视为“明日之威胁”。在当时，100 万人口是成为“大城市”的门槛，到 1900 年时，全世界人口突破百万的大城市已达 11 个。30 年后，这个数目上升至 27①。柯布西耶是机械文明和标准化生产的忠实拥趸，但却对同样是工业革命所引发的快速膨胀的“大城市”十分厌弃。在他所规划的“现代城市”中，城市中心的人口控制在 100 万左右，余下 200 万甚至更多的人口被安排居住在远离城市中心的花园城市中。这传递出柯布西耶对于快速城市化进程的立场和态度——城市不能无限制地拥挤和蔓延，疏解人口才是可行的途径。

柯布西耶的规划构想在巴黎秋季沙龙展览会上展出时，记者们将其称为“未来之城市”( la cité future ),认为它如此超脱现实。但柯布西耶却称其为“现代城市”( une Ville Contemporaine )，因为他认为这完全是基于现代工业革命成果的理性思考和创造，对完美几何形式和标准化生产掌控下的城市形态无比乐观，并坚信会在不久后实现。事实也正是如此，在当代城市多元纷繁的空间形态中，或多或少都可以看到柯布西耶“现代城市”的影子。他说“之所以称为‘现代’，是因为‘未来’不属于我们任何人。”

① 刘易斯·芒福德. 城市发展史——起源、演变和前景 [M]. 宋俊岭，倪文彦，译. 北京：中国建筑工业出版社，2005：542.

# 第十四章　密度概念与曼哈顿

20 世纪 20~30 年代，柯布西耶不遗余力地在欧洲乃至全世界范围推行他的“现代城市”构想。他的雄心是“发明并建造与机器文明的需求和潜在的荣光相得益彰的‘新城市’”①，然而这样的城市其实早已存在了，那就是曼哈顿。

现代城市的核心议题是效率，这一点在曼哈顿的城市空间形态形成中体现得淋漓尽致。最早于 1811 年制定的委员会规划（Commissioner's Plan）用 12 条南北大道和 155 条东西大街将曼哈顿岛划分成 2028 个街区，一瞬之间便掌控了城市所有空白的版图。这实质上是一种完全出于工具理性的土地管理模式。如果放在他处，这些街区将只是不知为谁、不知为何、等待漫长岁月填满的格子。但曼哈顿的活力和资本使这种无视地形、无视现存的网格成为城市自由生长的肌底。

“网格的二维法则也为三维上的无法无天创造了无上的自由”②。曼哈顿岛南北狭长，且东西临河，这使得城市空间无法水平向的扩张。相反，这样的地理条件“激励着建筑的和工程的智巧，向云端之上发现余地，为巨大的利益寻找办公空间。换而言之，除了向空中延展网格自身，曼哈顿别无选择，只有摩天楼才能为商业提供如蛮荒西部一般的广阔世界，一片天空之中的边疆”③。于是，一场开拓空中领域的建筑竞赛在曼哈顿进行得如火如荼，特别是在下城，建筑高度的纪录被一再刷新。每一座耸立的摩天楼都是一座“城中之城”。正如恒生大楼（Equitable Building）的广告词所称——“一座自在之城，可容 16000 颗魂灵”。这种真实的空间体验变革令它的建造者都惊叹不已。

---

① 雷姆·库哈斯．癫狂的纽约：给曼哈顿补写的宣言 [M]. 唐克扬，译．姚东梅，校译．北京：生活·读书·新知三联书店，2015：378.

② 雷姆·库哈斯．癫狂的纽约：给曼哈顿补写的宣言 [M]. 唐克扬，译．姚东梅，校译．北京：生活·读书·新知三联书店，2015：29.

③ 雷姆·库哈斯．癫狂的纽约：给曼哈顿补写的宣言 [M]. 唐克扬，译．姚东梅，校译．北京：生活·读书·新知三联书店，2015：131.

曼哈顿的摩天楼不但越来越高，而且常常占满整个街区的基地面积。库哈斯将其形容为“街区的独处”，“到 1910 年，叠加地面的进程已经势不可挡。整个华尔街地区正迈向一个全面向上延展的荒唐饱和状态：‘最终，曼哈顿下城唯一未被巨厦占据的空间就只有街道了……’”[①]。摩天楼巨大的体量阻碍着空气的流通，也使得街道无法获得阳光。与摩天楼建造竞赛紧随的便是关于阳光权和通风权的纠纷激增，以及公众对于城市公共卫生状况的担忧。

基于这样的困境，纽约市议会颁布了《纽约市 1916 版区划条例》。作为全世界第一部综合性的区划条例，它以法律的形式确立了在城市用地开发中政府与市场之间的基本权利分配关系，用强刚性特征的限定手段来对城市空间开发进行严格管控。条例将纽约市划为不同的高度分区，每个分区的街道宽度与临街建筑立面高度的比例从 1∶1 至 1∶2.5 不等。随着高度升高，建筑需要按照既定的比例从街道向后退让一定的距离，以保障城市街道良好的通风及采光环境。纽约规划专员还通过模型，展示限定了中心区域、次中心区域、城郊区域和郊区的商业建筑的最大体块，用明确的建筑体量“天花板”来抵御资本对空间掘取的贪婪，为公众赢得应有的公共空间权益。这样的限定使得曼哈顿城市空间的三维增长不再“无法无天”。同时也意味着，开发强度的概念已经初步显现，只是尚未明晰，隐藏在空间三维体量的框架之中。

1916 年版的纽约区划条例有效地保障了城市的公平机制，但同时也限制了自由。过于严格甚至僵化的刚性管制与旺盛的经济活力之间的矛盾日渐突出，在一定程度上增加了中心区土地市场的交易成本，也使得高层建筑形态呈现出“婚礼蛋糕式”的千篇一律。20 世纪 50 年代后，全美的城市更新运动兴起，城市的发展需要对区划条例的灵活性进行修正。同样的情况在芝加哥也存在。在 1957 年版的区划条例修订中，芝加哥率先引入了平衡规划的理念，提出了两点创新：“一是规划内发展（PD：Planned Development），即在一个发展区内进行规划指标的动态平衡；二是容积率奖励，对开发商提供的有利于公共利益的行为进行建筑容积率补偿”[②]。至此，“容积率”诞生了，作为一种专门用来描述城市空间

---

① 雷姆·库哈斯．癫狂的纽约：给曼哈顿补写的宣言 [M]. 唐克扬，译．姚东梅，校译．北京：生活·读书·新知三联书店，2015：136.

② 程明华．芝加哥区划法的实施历程及对我国法定规划的启示 [J]. 国际城市规划，2009，24（3）：72–77.

的“密度”概念。随后，在《纽约市 1961 年版区划条例》中也出现了相类似的政策，即私有公共空间政策（POPS：Privately Owned Public Space），“通过容积率奖励等方式，鼓励社会资本投资，在私人土地上建设、并向社会免费开放的公共空间”[①]。

现代城市空间的高度集聚使得人们开始关注城市的密度问题。在保障社会公平和市场自由的多方博弈中，诸多形式的权益需要一个可以协商和交易的平台，城市空间当然也需要一种自我定量描述的可能。容积率以建筑所在的基地面积为分母，计量的是单位土地权属上可以使用的建筑空间总量。这表明容积率在本质上是城市空间开发过程中土地权益的一种量化形式，是可以折算成经济利益的空间变量。

曼哈顿岛上那些在街区内独处并高耸入云的摩天大楼是容积率概念的最确切的形象代言。但在得到有效使用之后，容积率不再仅仅是开发商经济利益与公众社会权益之间交换的筹码。它所依赖的计算变量是普遍意义上的空间物理属性，且与人的空间使用息息相关，因而逐渐成为一种可以描述城市空间集聚程度的普适变量。本书所研究的另外两个变量建筑密度、平均层数亦是如此，尽管在提出时都是出于某种针对性的限定目的，但都可以从一个侧面来阐述现代城市的密度状况，进而被广泛接受和使用。反过来，这些密度概念的相继提出，也表明现代城市的集聚程度成为空间形态的重要特征之一，需要被量化、认知和探讨。

① 于洋．纽约市区划条例的百年流变（1916—2016）——以私有公共空间建设为例 [J]. 国际城市规划，2016，31（2）：98-109.

# 第十五章 “曼哈顿主义”

前文中曾提到柯布西耶与曼哈顿之间略显尴尬的关系。柯布西耶承认自己的“十”字形摩天大楼设计雏形源自曼哈顿，但却认为纽约的摩天大楼是行不通的。“因为纽约疯狂地增加密度而未保留必要的道路网”①。他称曼哈顿的摩天楼是异常的“机器时代的青春期”，认为1916年的区划条例是“令人追悔莫及的浪漫主义城市的法规”②。在他看来，彼时的曼哈顿尽管广厦林立，但只是对高密度人口聚集的一种本能且原始的回应，还不成熟，尚未现代。

1929年，柯布西耶在原有的“现代城市”基础上，进一步提出了“光辉城市”（Ville Radieuse）的构想，并在1933年的CIAM会议上将其主要原则写入《雅典宪章》，作为功能城市概念的一种形式体现。当柯布西耶于1935年首次到访纽约时，也为曼哈顿带来了自己的“光辉城市”式的改造设想：1811年所设计的网格在“马的时代”是完美的，但现在需要的是更宽阔的高速路网络；中央公园太大，应当把青葱分配给全曼哈顿，并成倍增长；摩天楼太细微、太多，应当逐步夷平，取而代之的是大约一百座笛卡尔式摩天楼矗立在绿荫之中。改造后的曼哈顿可容纳六百万的居民，“荒置的产业将得到回报……城市将得到绿化的、出色的通达系统；公园中所有的地面都留给行人，汽车在空中的高架路上行驶，一些路（单向）允许每小时145千米（90英里）的速度，从一座摩天楼直接到另一座”③。

---

① 勒·柯布西耶．明日之城市[M]．李浩，译．方晓灵，校．北京：中国建筑工业出版社，2009：172.

② LE C. When the cathedrals were white—a journey to the country of timid people[M]. New York: Reynal & Hitchcock，1947.

③ 雷姆·库哈斯．癫狂的纽约：给曼哈顿补写的宣言[M]．唐克扬，译．姚东梅，校译．北京：生活·读书·新知三联书店，2015：409. 原文引自勒·柯布西耶，《美国的毛病是什么？》（*What is the American Problem?*），为《美国建筑师》（*The Ameican Architect*）所写的文章，作为附录发表于《当大教堂依然白色时》，第186~201页。

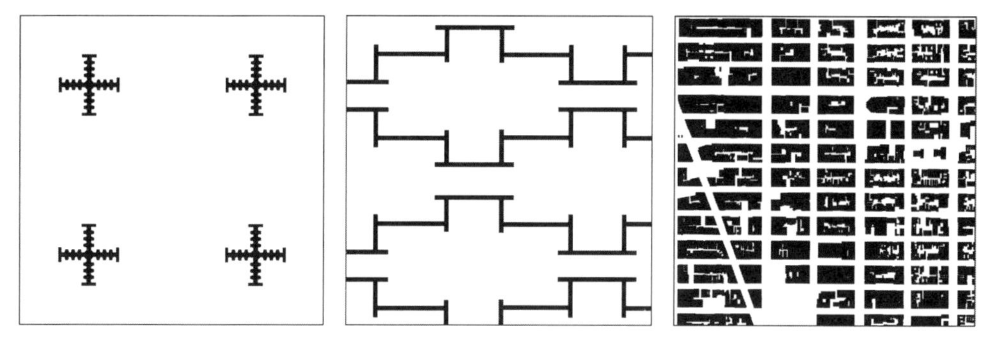

**图 32 相同比例下柯布西耶“光辉城市”的空间形态与曼哈顿的城市肌理对比**
图片来源：笔者自绘。

打破拥挤、建立秩序是柯布西耶为曼哈顿的诊断建议。将他的理想国与真实的曼哈顿城市肌理进行对比，建筑密度（或者说土地覆盖率）上的巨大差异一目了然（图 32）。纽约 1811 年的委员会规划形成了曼哈顿的均质网格和 2028 个街区，每个街区约为 264 英尺 ×900 英尺（即 80 米 ×274 米）[①]。相较之下，柯布西耶的“十”字形摩天楼需要三个曼哈顿标准街区才勉强容身，彼此之间间隔八个街区，而每一个摩天大楼暂将取代周围 10 个标准街区所有的建筑容量。

20 世纪 30 年代的柯布西耶已经成为工会运动的积极成员，并将“光辉城市”的构想作为社会改革的蓝图。在《明日之城市》中，他曾专门探讨了公民的“自豪感”，那是一种可以控制群众、带来信仰和行动的集体感受。他认为公民的自豪感呈现于建筑学的物质作品中。身处学院派主宰的巴黎，柯布西耶希望用“十”字形的摩天大楼来“对应结构与机械的特征，同时也对传统的笛卡尔形式语言（Cartesian Language）做出回应”。摩天大楼的尺度是“从同时代的经验中获得的：其高度结合了纽约的沃尔沃斯大楼（1913），其宽度以及十字四翼构图又参照了巴黎埃菲尔铁塔（1887）”[②]。在他看来，“十”字形的摩天大楼就是机械化时代的帕提农神庙。

对于柯布西耶的这次到访和对曼哈顿的微妙复杂情愫，库哈斯略带讽刺地调侃道：“勒·柯布西耶启航去了纽约，怀着一位未婚母亲逐渐增长的苦涩，经过屡

---

① 图 33 中曼哈顿城市片段右侧的小型街区是在 1811 年委员会规划的街区基础上进一步切分后的结果，所以尺度更小。

② 卢永毅，胡宇之. 勒·柯布西埃的摩天楼 [J]. 时代建筑，2005（4）：134–137.

次托养的失败尝试，他威胁要将他的幽灵城市扎营在他生父的门前，打一次抚养的官司”[①]。最终，曼哈顿并没有接受柯布西耶，以及他的“光辉城市”，迥异的空间形态背后是对土地空间利用的不同见解。

柯林·罗曾指出：“尽管欧洲人当时还视摩天楼为社会改革的一种乌托邦象征，芝加哥的建筑师们却早已知道这些摩天楼在芝加哥和纽约不过是资本和金钱的化身”[②]。曼哈顿的高密度形态背后是高度发达的资本经济自由生长，以及获益于此所形成的“拥挤文化”。库哈斯将其称为“曼哈顿主义”，“是一种都市的意识形态，从它初生伊始，就仰赖大都会情境里超高密度中的奇观和痛苦而成长，作为一种值得推崇的现代文化的基础，人们从未对这种情境丧失信心”[③]。曼哈顿岛的经营者、建筑师、工程师都默契十足的搭乘着“效率”的列车，在“资本”的推动下，一路高歌地驶向“密度”的伊甸园。

早在 20 世纪初，曼哈顿就已经奠定了自己作为美国经济和文化中心的地位，并且成为世界上人口最为密集的城市。1910 年左右，曼哈顿的人口达到历史的最高值 230 万。当时在下东城（Lower East Side）、上东城（Upper East Side）及东哈莱姆（East Harlem）的部分地区，人口密度达到 10 万人 / 平方千米以上，这样的景象在今天的曼哈顿都难以见到。之后经历了福特主义时代（20 世纪 50~80 年代）的人口下滑，伴随着 1980 年之后新自由主义兴起，纽约转型成为全球城市和国际金融中心，曼哈顿再次焕发生机。到 2010 年，曼哈顿的平均人口密度约为 26668 人 / 平方千米，依然是当今世界人口最为稠密的地区之一。

1910 年前后曼哈顿的人口总量达到巅峰，相对应地，城市也进入建设的黄金期。如图 33 中所示，在曼哈顿岛今天的现存建筑中，有很大一部分是建成于 1895 年至 1915 年，主要分布在下城（Lower Manhattan）的核心区域、上西城（Upper West Side）及北部的哈莱姆区（Harlem）。1895 年之前的建筑遗存很少，均为受到保护的历史建筑。目前的中城（Midtown，从第 23 街起北至第 59 街）主要建成于 1915 年至 1975 年间。城市建设的高潮一直持续到 20 世纪 70 年代末期，之后

---

① 雷姆·库哈斯．癫狂的纽约：给曼哈顿补写的宣言 [M]．唐克扬，译．姚东梅，校译．北京：生活·读书·新知三联书店，2015：402.

② COLIN R. The mathematics of the Ideal Villa and other essays[M]. Cambridge，Massachusetts，and London，England：The MIT Press，1987：100.

③ 雷姆·库哈斯．癫狂的纽约：给曼哈顿补写的宣言 [M]．唐克扬，译．姚东梅，校译．北京：生活·读书·新知三联书店，2015：13.

**图 33 左：曼哈顿区域划分图；右：曼哈顿的建筑建成年代分层图**

图片来源：左，笔者自绘，底图来自 Google map；右，Urban Layers，@Morphocode. http：//io.morphocode.com/urban-layers/。

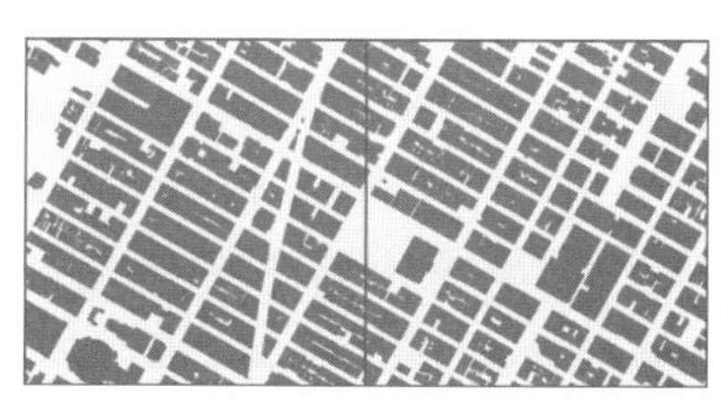

**图 34 曼哈顿的高密度空间单元及其空间形象**

图片来源：左为笔者自绘；右为 https：//www.flickr.com/photos/phiiiliiipp/14942498919/。

主要为局部的城市更新改造，比较集中的区域位于南部的三角地（Tribeca）地区，其余多为零星分布。

在曼哈顿最主要的商业商务区以及摩天大楼的集聚之处——钻石街区（Diamond district），本书选取了两块 1 平方公里大小的空间单元（图 34），其容积率取值可以达到 8.52（左）和 9.57（右），是柯布西耶“现代城市”构想中摩天大楼空间类型的容积率（2.4）的 3.5 倍以上。

从 20 世纪初至今的百余年间，曼哈顿一直是高密度的最佳代言。路网密，高楼密，共同组成了“曼哈顿主义”在空间层面的体现。1811 年委员会规划设定的曼哈顿网格，在柯布西耶看来属于“马的时代”，也曾经历过“汽车时代”初期十分拥堵的尴尬局面。为此，纽约建筑师哈维·威利·科比特（Harvey Wiley Corbett）曾提出《通过人车分流减轻纽约交通拥堵的建议》，在建筑的二层临街界面设置拱廊供行人步行，通过天桥彼此相连，将城市地面逐步让位于纯粹的机动车交通。街道如同威尼斯的河道，机动车流在其中自由流淌，而摩天楼则成为一座座岛屿。

尽管这一设想没能付诸实践，但曼哈顿用其他方式缓解了交通的拥堵。首先，“曼哈顿网格”本身就是一种密度较高的道路体系，路网密度达 16~17 千米 / 平方千米。主次道路层级分明，同时又具有高连接度和高连通性，符合半网格结构的特点，有利于城市各部分之间的联系和沟通。规划于马车时代的道路虽然宽度有限，但通过人车分行及设立单行道体系后，有效地提高了机动车的通行效率；其次，科比特所设想的如河道般的城市动线并不是地面的机动车流，而是以发达的地下轨道交通网络的形式呈现，全天 24 小时无休止地流动，承担了城市相当一部分的空间运动需求。纽约市的地铁也是西方世界中最为繁忙的快速轨道交通系统。这些共同组成了曼哈顿高效的空间移动支撑体系，这是高密度城市空间存在和发展的前提。

# 第十六章　极致密度下的空间集聚

曼哈顿的空间集聚所形成的高密度城市形态可以称得上一种极致，是资本力量和现代文明的象征。然而，并非所有的高密度环境都如此令人赏心悦目。

当探讨城市的空间密度时，空间品质也是需要一起被考量的。二者之间存在着近似于正弦函数的关系（图 35）。即当空间密度较低时，提高密度所带来的集聚效应有助于资源的高效利用和空间品质的提升。但这种提升有一个临界状态，即资源所能承载的上限。当超过临界值时，密度的提高反而会导致空间品质的下降。这时若想进一步提高密度，就需要通过调整资源配置来调整临界状态。例如曼哈顿的城市发展进程，就是通过不断调整临界状态来使空间密度与空间品质达到一个相对平衡的最佳状态，但这需要极大的投入。事实上，绝大多数的高密度环境都是以牺牲空间品质为代价来追求密度的极致，遍布全球的贫民窟现象便是如此。

在所有的贫民窟中，香港的九龙城寨算是达到极致的一个空间样本（图 36）。即便已于 1993 年被有序拆除，但它充满魔幻色彩的空间形象并未就此消失，而是存在于各种文学和视觉艺术创作中。著名科幻小说作家威廉·吉布森（William Ford Gibson）曾在香港启德机场转机时远眺到了正在拆除的九龙城寨，他在游记中这样描述所看到的景象："城寨就矗立在跑道尽头，等待被清拆……黑黢黢的窗户使它看上去像一座巨大蜂巢，既是死的，又像活的，那些窟窿仿佛在疯狂地吸收着城市的能量……"。他将九龙城寨写入自己的《桥梁三部曲》（*Bridge Trilogy*），"城寨在故事里的化身——暗城——是一个隔绝于互联网之外的虚拟空间，没有网络管制的自

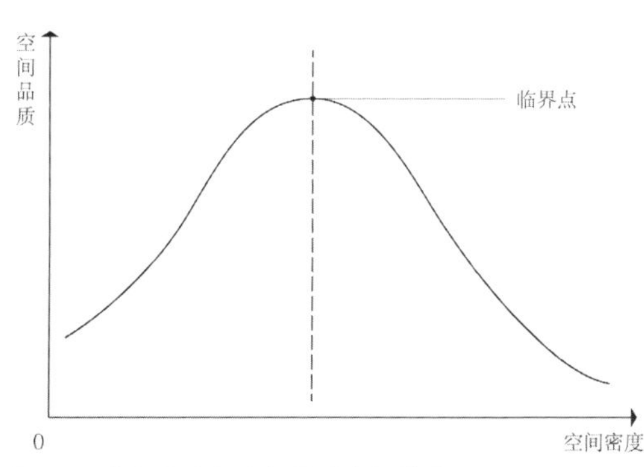


**图 35　空间密度与空间品质之间的关系**
图片来源：笔者自绘。

**图 36 拆除前的香港九龙城寨**
图片来源：IAN L，GREG G. City of darkness. http：//cityofdarkness.co.uk。

治之地，黑客、极客、御宅族的互动乐园。虽然充满四处乱窜的广告程序和泛滥成灾的垃圾编码，但并非无序堕落的魔窟，更像是渴望自由和变革的思想者的冒险天堂”[①]。在 1995 年上映的日本科幻动画电影《攻壳机动队》中，导演押井守构想了一个高科技与破旧街区共存的未来都市，女主角身着隐形迷彩，穿梭于不见天日的破旧楼宇之中。影片用大量舒缓的长镜头来描绘场景，不论是鳞次栉比的中文招牌，还是巨大的飞机从楼顶上空呼啸而过，每一帧都在向消逝的九龙城寨致敬（图 37）。

这个曾经存在于真实世界的魔幻空间被艺术家的浪漫情怀一再渲染，以至于被全世界的科幻迷奉为“赛博朋克圣城”。九龙城寨最早可以追溯到宋朝，原是管控食盐贸易的军事哨所，有城墙围绕。香港受殖民统治时期，出于历史及政治原因，它成为一块被英国割占而仍由中国行使领土主权的特殊地区。日军侵华占领香港后拆除了原有的城墙。日本投降后，九龙城寨成为各方政权管辖的真空地带，城市中的流浪者和难民开始在这里聚居。最终，城寨不断扩建膨胀，帮派组织和底层社会的“丛林法则”成为这里日常生活秩序的保障。

从 1961 年城市测绘平面图中可以看出（图 38），城寨的土地空间利用已经达

① 艾守义发表于 CALL of CTHULHU，2016-01-25，17：49，原载于 UCG《游戏 · 人》。

**图 37　电影场景与九龙城寨真实环境的对比**

图片来源：上：电影场景；下左：IAN L，GREG G. City of darkness. http：//cityofdarkness.co.uk；下右：http：//hkcitylife.com/index.php?route=product/product & path=105_269_271 & product_id=2158。

到饱和状态，几乎被建筑全部占满。小体量的居住建筑集合成群，被狭窄的巷道隔开。这些可识别的巷道布局逐步稳定，一直延续到城寨被拆除之时。中央的院落式建筑组群曾是清朝九龙巡检司衙门，是城寨中唯一被保留下来的古代建筑，于 20 世纪 20 年代被宗教慈善团体改建为“老人院”，也是学校的所在地。

此时的城寨与周边的城市环境并无太大差异，大部分的建筑高度为三至四层。从 20 世纪 50 年代开始，香港的房地产业进入黄金时期，对于居住空间的需求在持续增长。一些小型的私人开发商与老建筑所有者达成协议，将他们的一层或两层住宅重新开发，建设为更高的、更大的住宅建筑。原来的所有者将拥有他们以前拥有的等量楼层，而开发商通过贩卖额外的楼层快速获利（图 39）。这种开发模式大获成功，迅速普及开来，同时开发商也需要小心谨慎，因为会受到港英政府的法律管制。但在九龙城寨这个“法外之地”，居民和开发商一起，不断试探着管制的界限。这是一个持续不断的猫鼠游戏，居民、开发商甚至包括港英政府自己都不知道最终的底线在哪里。于是，楼越建越高，越建越密，最终的界限就是这片区域全部生活资源所能承受的极限。

到 1993 年拆除之前，这里共有 500 栋高低不同的居民楼紧紧挨在一起。除了“老人院”所在的传统建筑院落被保留下来，其余的建筑高度普遍都达到 10~12 层。

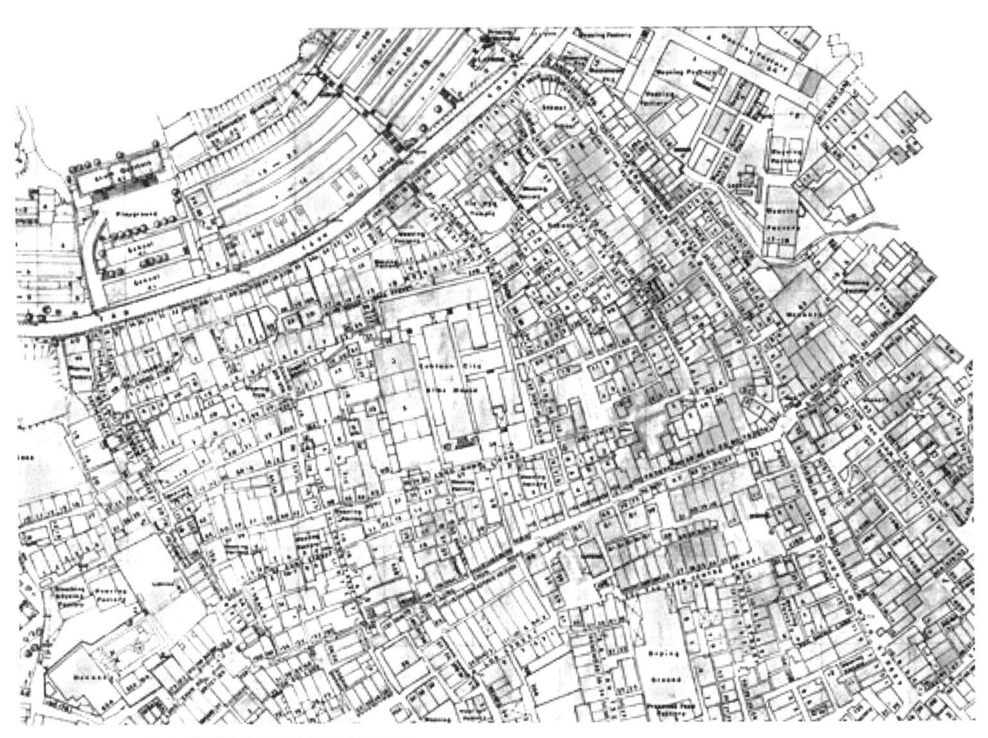

图 38 1961 年九龙城寨地区的测绘平面图
图片来源：IAN L，GREG G. City of darkness. http：//cityofdarkness.co.uk。

图 39 20 世纪 50 年代开始的住宅地产开发改造项目（左）及 1975 年的九龙城寨（右）
图片来源：IAN L，GREG G. City of darkness. http：//cityofdarkness.co.uk。

远望去，整个城寨如同一个“回”字形的建筑综合体。“老人院”约占整个城寨土地面积的 1/10。就此估算，城寨最后的容积率约为 9.1~11.0。这对于一个没有超高层建筑的街区来说，已经算得上极限了。更为夸张的是，到拆除时，保守估计城寨内约有居民 50000 多名，总占地约 2.7 公顷，人口密度高达 192 万人 / 平方千米。从这个角度来说，九龙城寨应当是人类文明有史以来密度最高的一块聚居地。然而极限密度的背后，却是极端不佳的空间品质——人均居住面积 40 平方英尺，即 3.72 平方米，房间的平均月租金约 35 港币（不足 30 元人民币），垃圾堆积，污水横流，供电供水不稳定，治安状况极差。

在九龙城寨整个建造过程中，并没有专业建筑师的参与。一位曾在这里生活八年的机械工程师陈祥存先生自行测绘了地图，这是关于这座建筑巨构体为数不多的图解资料。他这样形容城寨内部的复杂空间：

“城寨位于一片盆地内，所以由附近的美东邨高地走进去，已是城内居民楼的三楼。城内建筑，高度不一，从八层到十二三层都有。有些非法建有电梯，很多楼之间也被打通，形成和地面的街巷一样的‘高层通道’。然而这些路大多很不可靠，有些在这一层，有些在那一层，大多数从人家的居室中穿堂而过，有些走下去会上了天台，有些又下到了地面，有些就莫名其妙地在某家的客厅里终结，成了‘断头路’……”①

事实上，九龙城寨的巨大魅力并不主要体现在建筑学的研究范畴，而是其社会学意义上的空间价值。它像一个被强烈的求生欲望所驱使着、不断试错、不断调整、脉搏不停的鲜活的生命体。城寨内的空间使用和生活组织，体现的是原生社会结构的强大韧性和底层社会的生存智慧。在外人看来，它是罪恶的集中地，极度危险。但对于生活在其中的人来说，这里又是有着坚硬外壳的安全的庇护之所。

在中国的另一座城市“山城”重庆，也有一处十分魔幻的高密度居住空间——重庆望龙门高层住宅群。与九龙城寨所不同的是，它是建筑师精心设计的结果，是独特地形与建造智慧彼此成就的产物。

望龙门高层住宅群主要由三部分组成（图 40），分别是紧临白象街的白象宾

① 艾守义发表于 CALL of CTHULHU，2016-01-25，17：49，原载于 UCG《游戏 · 人》。

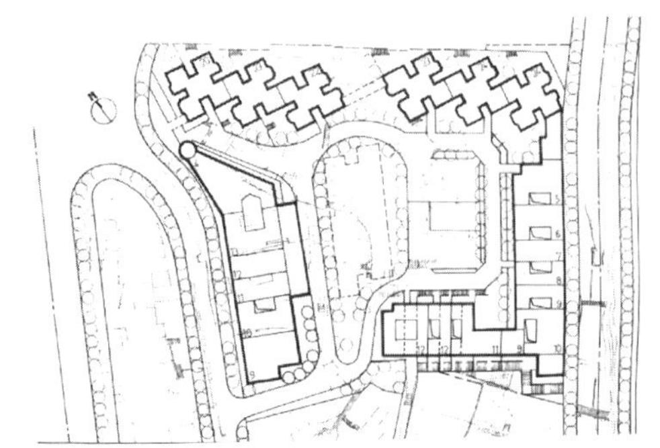
重庆望龙门高层住宅群总平面图

望龙门高层住宅群建成之初影像

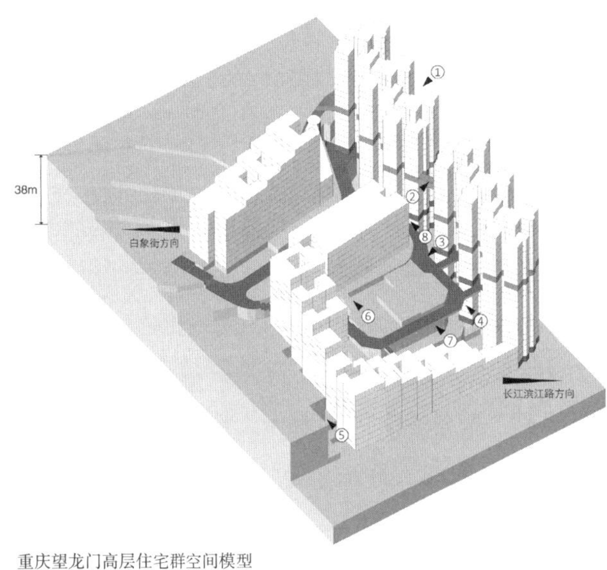

重庆望龙门高层住宅群空间模型

1. 白象居东北侧废弃的缆车道

2. 贯穿白象居的空间连廊

3. 高架式的内部车行道路

4. 2 号楼与内部车行道路之间的连廊

5. 基地西侧的步行台阶

6. 基地内部开敞空间

7. 高架式的内部车行道路

8. 4 号楼与内部车行道路之间的连廊

**图 40 望龙门高层住宅群空间分析**

图片来源：总平面图及初建成时影像来自魏皓严，郑曦 . 生猛的白象居——步行基础设施建筑 [J]. 住区，2017（2）：28-39；其余为笔者自绘及拍摄。

馆，“L”形退台型住宅群，以及基地东北侧的高层建筑组群——白象居。这组建筑由重庆建筑工程学院建筑系的张从正、孙志经与曾凡祥老师团队设计于 1983~1987 年，建成于 1992 年，占地约 1.3 公顷，总建筑面积 64733 平方米，加上地块内原有的一栋八层住宅建筑，总体容积率约为 5.3，称得上高密度的居住空间了。

但它的极致性并不在于空间密度本身，而在于建筑师对基地内 38 米高差的巧妙利用，创造性地用高架式车行道路解决基地内的交通问题，同时营造出丰富的立体公共空间。更为精彩的是，建筑师充分利用基地的多重标高，“提出了‘空中通道层’‘层面及多标高入口’‘公共交往廊’‘变高层为多层’等构思，首创 4~25 层不设电梯的高层住宅形式”[①]。这里主要指的就是白象居。

白象居包括 6 栋 20 至 24 层不等的高层建筑，分为两组，1 号楼至 3 号楼为一组，4 号楼至 6 号楼为另一组，两组之间由一个高空中的连廊连接。这个空中连廊不仅将两组高层住宅连为一体，它所在的标高层内还含有一条隐藏在建筑内部的“街道”（图 41）。这条“街道”与外部的城市道路白象街直接相通，居民可以通过它进入各个住宅楼。以 1 号楼为例，总层数为 24 层，除去顶部跃层后为 22 层标准平面。空中连廊位于第 15 层，向上 9 层范围内可以到达 16~22 层的住户，向下 7 层范围内可以到达 8~14 层的住户，而 1~7 层的居民可以通过底层的出口直接进入另外一条城市道路（长江滨江路）。也就是说，一栋 24 层的高层住宅被分解为 3 栋多层住宅。不仅如此，这条空中连廊还扮演着社区交往空间的角色。紧临连廊的住宅单元大多成为提供日常生活服务的小型商业，如杂货店、理发店、小吃店、麻将室等，甚至包括居委会办公室。除了空中连廊和地面出口外，2 号楼、3 号楼和 4 号楼还在与内部高架车行道相近标高的楼层设连廊与车行道相通，更增加了居民入户的选择可能（图 42）。

**图 41　白象居内的空中“街道”**
图片来源：笔者拍摄。

① 魏皓严，郑曦 . 生猛的白象居——步行基础设施建筑 [J]. 住区，2017（2）：28-39.

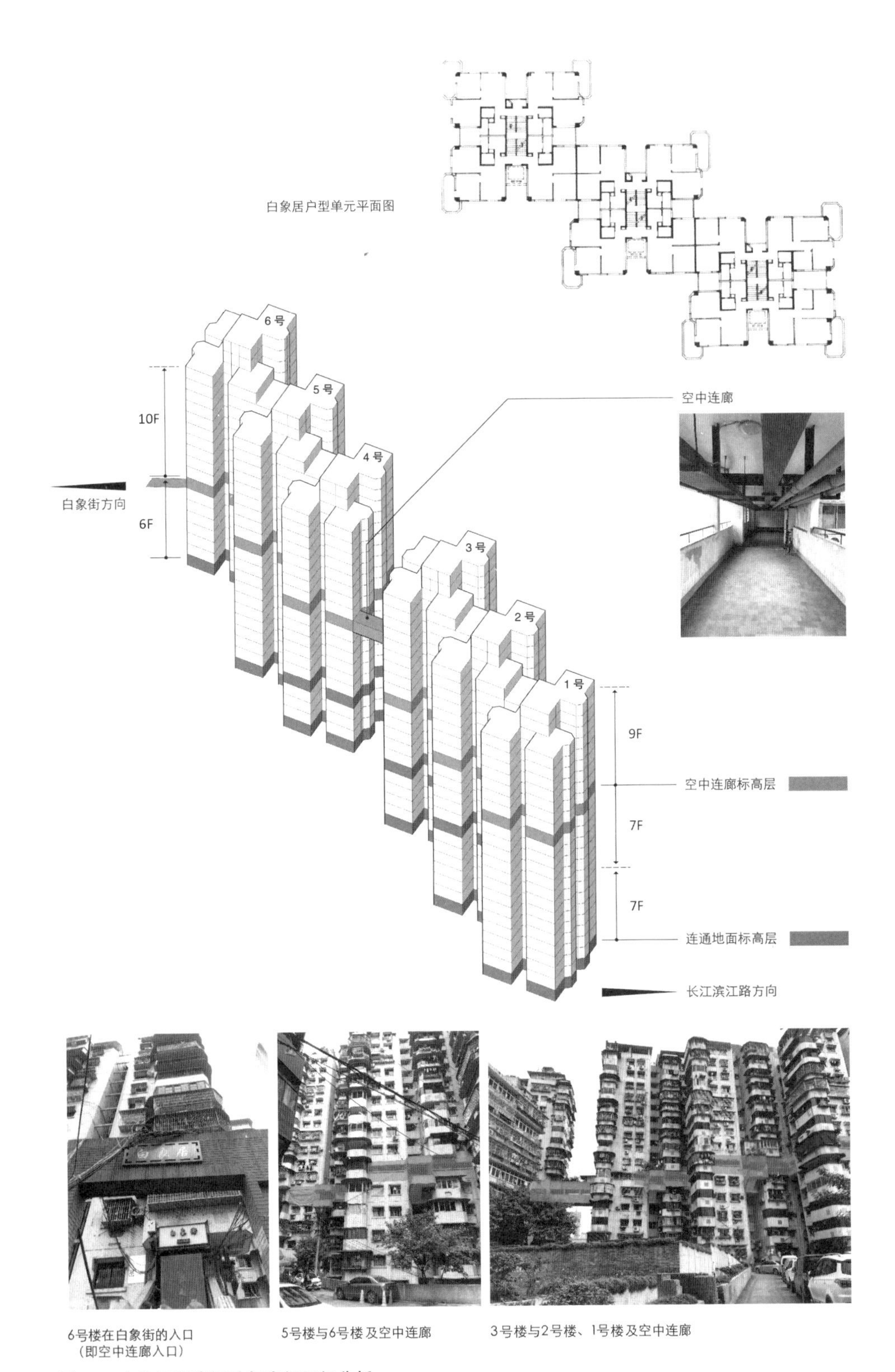


**图 42 白象居标高设计与空间组织分析**

图片来源：白象居户型平面图来自魏皓严，郑曦．生猛的白象居——步行基础设施建筑 [J]. 住区，2017（2）：28-39；其余为笔者自绘及拍摄。

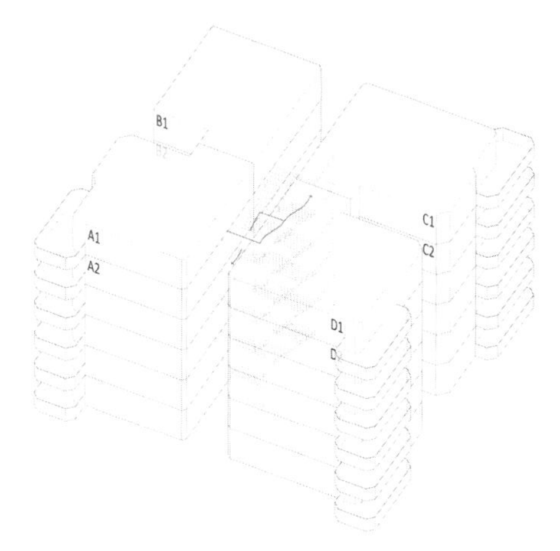

**图 43　白象居户型中的“剪刀梯”设计**
图片来源：笔者自绘及拍摄。

此外，白象居的住宅单元组合方式也十分独特。如图 43 所示，同一标高层中有四户 A1、B1、C1、D1，公共的垂直交通空间位于中部，采用“剪刀梯”的形式。这在集合住宅建筑中并不多见，反而产生了一种诡异又诙谐的空间联系——户型 A1 与 B1 位于同一标高层，但却不相通，即 A1 户的居民想到访隔壁的邻居 B1 户，需要先下半层再上半层。“剪刀梯”的出现使得居民出行的线路有了无数种可能，可以向下直跑一层再折返，也可以下半层就折返继续向下。对于建筑师为何这样设计暂无证可考，但它所产生的空间形式却为居民的日常生活提供了一种奇特的空间体验和无可奈何之下的“异趣”。

通过这些设计手段，建筑师巧妙地“变高层为多层”，在没有电梯的情况下，以最大的限度满足了当年的住宅设计规范，也为居民提供了便捷的出行环境。事实上，在白象居最初的户型平面图设计中，建筑师还为电梯间预留了位置，以便日后在经济条件允许的情况下，居民可以安装电梯改善生活质量。在建成二十多年后的今天，白象居及其所在的望龙门高层住宅群已经陈旧，但同九龙城寨一样，充满着文化层面上的吸引力。那条空中连廊也成为一张特殊的影像“名片”，出现在众多关于重庆的电影创作中。建筑师当年的精巧构思多半是出于无奈，“是保障日常生活质量的专业愿望与苛刻的地形限制之间的矛盾激发了专业的生猛，它显得张狂，却来得质朴”[①]，值得后辈建筑师的思考和学习。

① 魏皓严，郑曦．生猛的白象居——步行基础设施建筑 [J]. 住区，2017（2）：28–39.

# 第十七章　虚构的空间密度形态

前文主要探讨了现实中的空间密度集聚状况，而人类最伟大的创造力永远存在于构想的虚幻世界中，只不过有的已经成为现实，有的尚未而已。

在早期的科幻文学和影像作品中，地球以外的太空世界是空间幻想的主要对象，以 1966 年播出的美国电视剧《星际迷航》（*Star Trek*）系列为代表，展现了人类对各种外太空星球和宇宙空间站的构想。而 20 世纪 80 年代之后出现的科幻写作流派“赛博朋克”（Cyberpunk），则将视野聚集于地球城市的未来。数字空间（cyberspace）、网络黑客、人工智能、基因工程、跨国集团、都市扩张、贫民窟和恐怖主义，这些都是赛博朋克体裁中的主题元素，也正是当下现实世界中人类社会所面临的状况。因此，赛博朋克文学和影视作品往往以隐喻的形式出现来警示人类未来可能的遭遇，有着强烈的反乌托邦意味和悲观主义色彩。

赛博朋克电影的开山之作——1982 年上映的《银翼杀手》（*Blade Runner*），被认为是史上最精彩的科幻电影之一。电影改编自菲利普·迪克（Philip K. Dick）的科幻小说《仿生人会梦见电子羊吗？》（*Do Androids Dream of Electric Sheep？*），讲述了具有人工智能的复制人，被人类用于外世界从事奴隶的劳动、危险的探险工作及其他星球的殖民任务。导演雷德利·斯科特（Ridley Scott）参考了“香港在天气很糟糕时候的城市景观”以及他曾居住过的英格兰东北部的工业景象，为影片设定了一种极为风格化的情绪基调——拥挤却阴冷、喧闹却沉闷。这样的矛盾被笼罩在夜幕、霓虹、雨雾之中，形成一种诡谲的和谐气氛，但又是十分危险的，仿佛下一秒就会被打破。在没有数码特效的年代，《银翼杀手》电影中所有的特效场景都是通过微缩模型和绘图来制作（图 44）。模型所呈现的是一种极高密度的城市环境，有着工业社会末世的独特质感。

《银翼杀手》中对于未来城市的构想奠定了赛博朋克的美学倾向，成为这一流派科幻视觉创作的灵感源泉（图 45），并深刻影响了之后一大批科幻经典作品，

**图 44 《银翼杀手》剧照及特效模型制作**
图片来源：https：//www.ifanr.com/930828。

**图 45　灵感源于《银翼杀手》的视觉设计作品**
图片来源：http：//conceptartworld.com/inspiration/blade-runner-inspired-concept-art-illustrations/。

如《黑客帝国》《第五元素》，以及前文中提到的《攻壳机动队》等。

笔者认为，《银翼杀手》的场景设计之于当代，正如皮拉内西（Giovanni Battista Piranesi）的“监狱系列”版画之于18世纪一般，是一种有着现实本源的空间再创作。它们都将现实城市空间的某一特质进行合乎逻辑的夸大。在“监狱系列”版画中，皮拉内西夸大了罗马古迹的雄伟瑰丽，使建筑更加具有“如画感”，但从未违背过比例、风格、建构等基本原则。同样，在《银翼杀手》的场景中，导演夸大了城市的建筑体量和空间密度，并配以炫酷的科技来支撑这样的高密度环境，诸如几百米高的摩天大楼，以及可以垂直升降的交通工具“回旋车”（spinner）。但却依然保留了现实城市最为基本的集聚方式和运作原则，并以拼贴的形式汇集了多种现实城市意象。从而使这样的空间形态看似虚构，却也是“真实”的，它就在人类社会只需踮踮脚尖便触手可及的地方。

除了科幻作品外，充满童真的动画视觉作品中也有关于城市空间的奇妙构想。2017 年末，皮克斯动画工作室（Pixar Animation Studios）在动画电影《寻梦环游记》（*Coco*）中选取墨西哥的亡灵节作为发生背景，创造出一个可以称得上人类视觉形象史上最为绚烂的冥界空间。

亡灵节是墨西哥的传统节庆，被联合国教科文组织于 2003 年以“献予死者的在地庆典”为名列入人类非物质文化遗产。墨西哥诗人奥克塔维奥·帕斯（Octavio Paz）曾说“死亡才显示出生命的最高意义；是生的反面，也是生的补充”。墨西哥人还有一句经典的谚语——“死者在棺，生者狂欢”。电影正是基于这种独特的世界观和生命观，用充满欢乐的庆典氛围来渲染死亡、离别以及“天人永隔”后的再团聚。亡灵城中的建筑有如鸿羽般轻盈，极细的柱子支撑着钢架盘旋上升并在空中交错相连，一幢幢小屋堆叠其上，背景中湛蓝的夜色使人仿佛置身海底，璀璨的灯光却抵得过最喧闹的人间烟火。

在电影设定中，人死后会变作亡灵，居住在亡灵城中，只有当人间不再有对亡灵的任何记忆，亡灵才会消失，走向“最终死亡”。所以墨西哥人有祭奠先人的传统，就是不愿使先人的亡灵消失。那么，千百年来亡灵越来越多，亡灵城也需要越来越大。这样人口激增的状况，在当今的墨西哥城也同样存在。也就是说，亡灵城应当是一座可以无限生长的城市。电影导演李·昂克里奇（Lee Unkrich）称亡灵城的设计灵感来源于墨西哥城址上曾经存在的特诺奇提特兰城（Tenochtitlán）——阿兹特克（Aztec）帝国的首都，一座被特斯科科（Lago de Texcoco）湖水环绕的古城。在艺术家看来，这是一座从水中突然涌现的城市，这样的特质与“塔”的形象不谋而合。艺术家将墨西哥城中随处可见的色彩斑斓的居住建筑，垂直地堆砌成歪歪斜斜的危塔，并可以肆意地生长蔓延，就像是层层叠叠的珊瑚，呈现出历史的复累印记。

亡灵城的空间形态与某些“立体城市”“垂直城市”的概念构想十分相近，都拥有庞大的体量、惊人的高度、超高的容积率以及爆炸性的人口密度。但受限于目前的建造技术，这些构想只存在于一些小型的建筑实验创作中。比如，“珊瑚塔”的形象就不禁使人联想到两座荷兰房子——由 MVRDV 设计的 2000 年汉诺威世博会荷兰馆和由约翰·考美林（John Kormeling）设计的 2010 年上海世博会荷兰馆（图 46）。

荷兰作为世界上人口最稠密的国家之一，其人口密度超过 407.5 人 / 平方千米。紧缺的土地资源使荷兰的建筑师们一直保持着探讨高密度建筑空间环境的兴趣和传统，并不断探索未来高密度城市形态的可能。比如 2009 年，MVRDV 在中国北京艺术中心展览中展示了他们名为“中国山”（China Hills）的城市构想（图 47）。

**图 46　2000 年汉诺威世博会和 2010 年上海世博会的荷兰馆**

图片来源：左：http：//architectura.tumblr.com/post/19779253969/enochliew-expo-2000-nl-pavilion-by-mvrdv；右：https：//www.pinterest.com/pin/346636502539401631/。

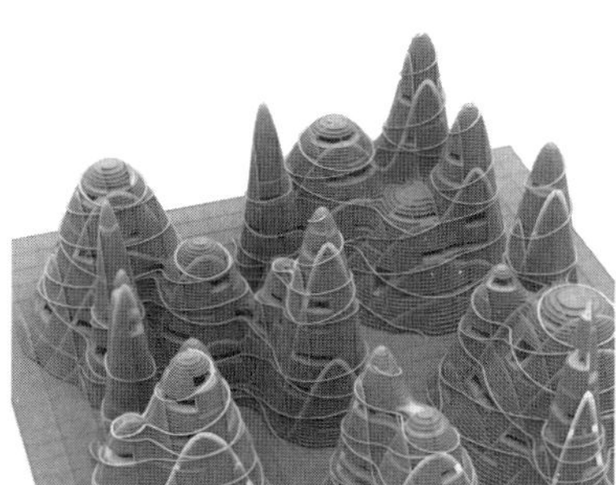

**图 47　MVRDV 的未来城市形态构想“中国山”**

图片来源：MVRDV 事务所官网，https：//www.mvrdv.nl/zh/projects/CHINA_HILLS。

面对中国城市人口激增、住房和建设用地供不应求的状况，他们将建筑与城市化过程作为一个有机整体，再将这个整体转变为景观建筑。这种城市与建筑一体化的构想带来的不仅是形态上的突破，也是对土地资源及城市三维空间利用方式的变革。

在现实之外的虚拟世界中，人类对未来城市的幻想往往呈现出高密度的空间形象。另外一个显著的倾向是对高空空间的占有欲和控制欲。摆脱重力束缚似乎一直是人类的一个终极目标，最早可以追溯到《圣经·旧约》中关于“巴别塔”的记述。一个有趣的现象是，不论是科幻作品里，抑或是其他幻想类创作的世界设定中，城市空间都有着摆脱重力向上无限生长的能力，但人类却没有像宇航员那般飘浮在空中。如果说科幻世界中重力环境的存在是由作家们的科学基本素养和知识架构所决定的，那么在其他的幻想世界中，人们依然选择“脚踏实地”地生活反映出这样一个讯息——人类已经习惯于重力的存在，对于上亿年来重力环境所赋予自身的生命体形象十分满意，且对于祖先历经百万年努力进化而来的直立行走能力弥足珍惜。人类所追求的摆脱重力束缚并不等同于不需要重力，而是需要一种人类可操控的与重力相抗衡的能力。垂直升降机是如此，飞行器亦是如此。从这个角度讲，数字建模软件里的世界简直堪称完美，因为你可以把任何的物体以任何你希望的方式放置在任何的空间位置。

再次回到前文中提到的关于重力与城市空间的讨论。库哈斯认为摩天楼的本质是地面空间在垂直方向上的延展。而换个角度来理解，不管向上延展多少空间，仍旧无法脱离基址而存在。升降机和钢框架使得城市上空的无限空间成为可以被开发的疆土，但也将这些疆土牢牢地绑缚在基址上，包括这些空间的所有权属。这也是当前所有空间密度概念存在的基础。

也就是说，我们对于城市空间密度的计量完全建立在当前人类与重力环境的相互关系的前提下，是重力使得城市空间在水平面上的投形面积可以成为计量空间的当量。那么，当这种关系发生变化，比如，当亡灵城的空间构想成为现实时，城市高空空间的使用权属与基址土地完全脱离，我们当前所有用于描述城市空间密度的概念将失去价值，空间密度将被重新定义。

# 第十八章 城市空间密度坐标系

密度，是城市空间与生俱来的物理属性，反映的是城市空间的集聚状况。前文中，我们对历史进程中的城市空间密度的发展脉络进行简要梳理，得到了这样一条线索：

密度从城市空间形态的一个隐含的物理属性，逐步跻身当代城市空间探讨的核心议题，并且将导向未来城市形态的某种可能。

具体来说，前现代的城市空间形态在相对漫长的形成过程中，受到不同地域的社会文化影响，呈现出不同的集聚方式和集聚程度。在加泰土丘中，有着清晰产权界限的居住单元如蜂房般集聚在一起，形成一种带有强烈动物性特征的高密度形态。它是原始文明对于聚落形式的一种选择，却形成了人类聚落史上最高的建筑密度90%。在我国封建社会形成初期《周礼·考工记》的“匠人营国”思想与希波丹姆斯规划模式下的提姆加德城市建设的对比中，尽管二者都选择了方格网的结构形式，并且都具有基本的空间单元形制，但前者在容积率与建筑密度的呈现上都比后者要低得多。这体现了东西方文明的城市在各自的政治体制下，从一开始就选择了不同的空间集聚方式来应对社会经济的需求，也反映出不同文化对于空间密度的倾向性。工业革命之后，以伦敦、巴黎为代表的欧洲大城市经历了剧烈而快速的城市化进程，人口规模的激增使得城市空间达到了前所未有的集聚状态。资本运作和经济行为开始成为左右城市形态形成的重要力量，并直接影响到社会和空间资源的配置，现代城市规划学科也在此过程中逐步形成。

前现代的城市形态尽管呈现的密度状况多样，但在总体上具有较为均质的分异特征。工业革命之后，现代科技的进步使得人类在城市中的空间移动能力有了质的提升，“大城市”的规模不断扩大，城市空间形态开始呈现显著的分布差异。在勒·柯布西耶于20世纪初提出的“现代城市”构想中，就明确地将城市中心设定为由三种不同形态的社区组成，它们在密度的呈现上各不相同。其中，位于城市最核心区域的摩天大楼社区在1平方千米的研究单元内平均层数可以达到60。这是一种存在于理论构想中的纯超高层建筑群体空间才能达到的垂直密度，到目前为止的现实建成环境中尚无实例可以企及。城市空间形态出现显著分异的现象背后，是空间集聚的形成机制发生了转变。到20世纪50年代，在以曼哈顿、芝加哥为代表的迅速崛起的美国大都市中，空间容量已经成为资本经济运作和社会资源分配的重要组成部分，需要被定义和被计量，容积率的概念也应运而生。集中建成于20世纪50~70年代的曼哈顿中城中，1平方千米的研究单元（曼哈顿No.0414）整体容积率可以达到9.6。这应当是人类城市发展史上容积率最高的一块空间区域了。

本书在实证定量研究中将1平方千米的空间范围作为最基本的研究单元[①]，就是希望建立一个可以将不同空间形态的密度进行对比的平台——由容积率、建筑密度和平均层数三个维度组成的“城市空间密度坐标系”（图48）。基于上述研究，在目前已有的建成环境及概念构想中，建筑密度的极值为加泰土丘的90%，平均层数的极值为勒·柯布西耶“现代城市”的60，容积率的极值为曼哈顿中城的9.6。由此，本文确定了城市空间密度坐标系各维度的上限——容积率为10.0，建筑密度为100%，平均层数为60。在此坐标系中，不同历史时期、不同地域文化、不同社会经济下的城市空间形态可以在同一平台上进行比较和探讨。雷达分布所呈现的不同形状显示出不同空间形态的密度特征，视觉化的表达比数据对比更加直观清晰。

本书的“城市空间密度坐标系”与庞德的“空间矩阵”同为综合密度指标坐标系，除了矩阵图与雷达图的坐标形式不同外，最根本的不同在于，庞德所针对的是较为纯粹的空间形态模式研究，而本文更加关注真实复杂的城市空间片段样本。也因为如此，庞德的研究专注于对街区内部空间的探讨，研究单元或者对象属于建筑尺度；而在本文研究中，不存在街道空间与街区空间的二元对立，它们均是城市空间的一部分，研究单元本身是属于城市微观尺度的。这可以理解为是基于不同研究目标所做的不同选择。

① 加泰土丘与提姆加德的案例除外，因案例本身规模较小。

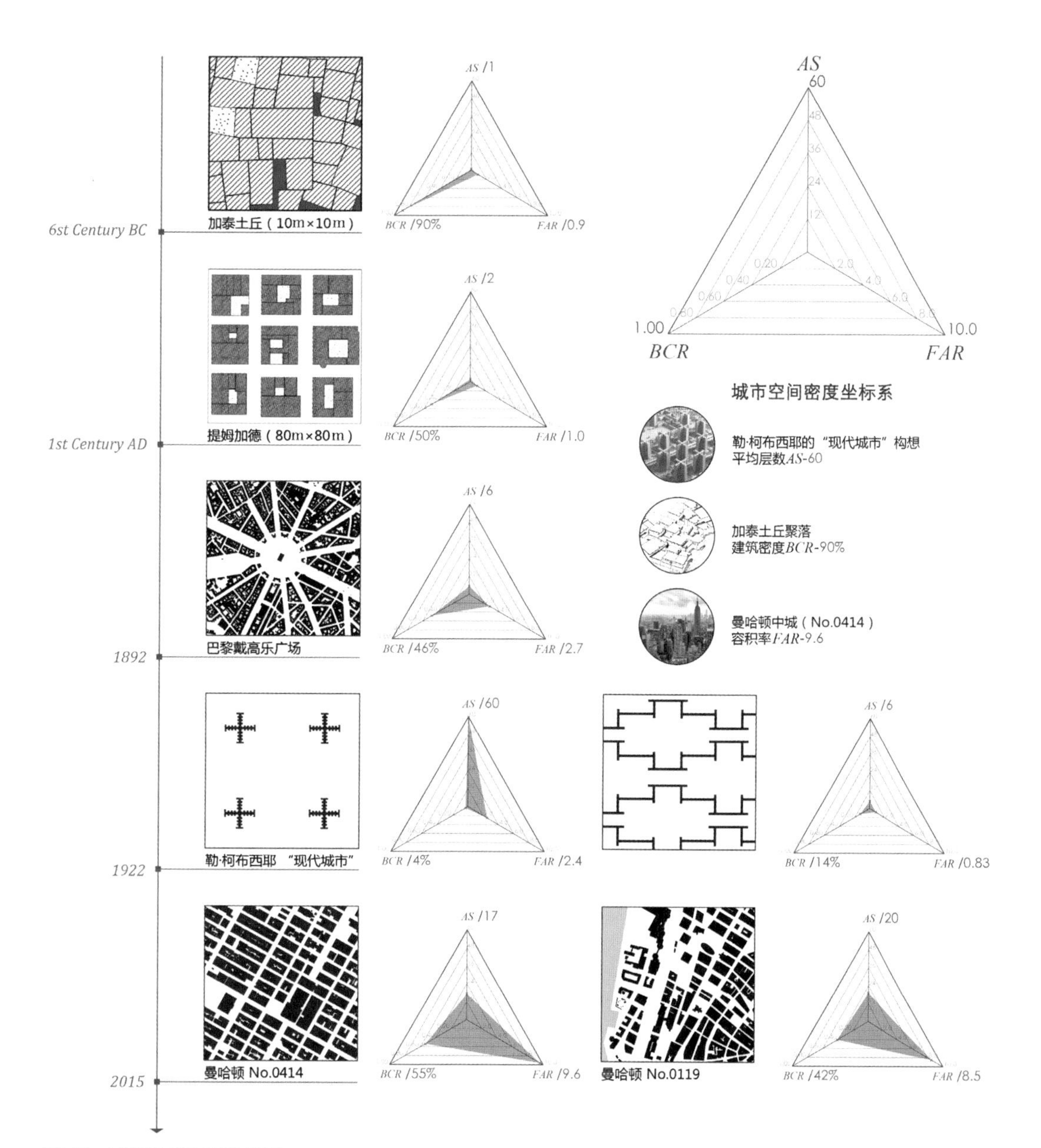


图 48　城市空间密度坐标系
图片来源：笔者自绘。

密度是所有城市形态都具有的基本属性，但对于某些城市来说，对空间密度的追求却是城市形态形成最重要的导向。究其本质原因，还是人类活动在一定空间范围内的集聚需求，曼哈顿是如此，贫民窟也是如此。但城市空间密度与空间品质之间存在着一种近似正弦曲线的相关性——即在一定环境承载力范围内，最优的空间品质往往对应着一定的空间密度极值。因此，对于空间密度的追求不能是无限的，毕竟美好的生活品质才是人类城市发展的根本目标和永恒主题。

我们今天所普遍使用计算的空间密度概念均是现代城市出现后的产物，这也从一个侧面表明现代城市的空间密度出现分异特征，并且这种分异是一个需要被考量的重要因素，需要人们用科学理性的方法来认知、描述和分析。这就使得密度从空间形态一个纯粹的物理属性转变为具有经济意义和社会意义的内涵丰富的复合属性。同时，不同空间密度概念的定义本身就能在一定程度上反映城市空间形态的基本特征和集聚方式，随着科技的进步和城市空间形态的变化发展，未来还会有新的空间密度概念出现，来体现城市空间的集聚状况。

# 第四部分
# 将密度作为思考城市的方式

4

前文的研究中选取了一些人类历史进程中具有代表性的城市形态样本，通过对其空间密度的定量研究来探讨不同空间形态的集聚方式和集聚程度，并尝试分析影响其集聚过程的主要因素。这些样本都是在微观尺度上的空间切片，在这一尺度上，密度更多地体现为一种描述空间特征的方式。当我们把研究的视野放大，进入城市中观、宏观尺度的时候，密度研究的意义就不仅仅体现在单元空间切片的密度值本身，还体现在大量空间切片的密度值之间的差异性和关联性，即城市空间密度在大尺度范围内的分异状况。

随着城市的不断集聚发展，密度已然跻身当代城市空间探讨的核心议题，其意义也已经远远超出一个描述城市空间特征的变量，而是可以成为理解和认知城市的一种视角和方式。

# 第十九章　将城市看作复杂网络的空间载体

城市虽然是人类主观能动创造的产物，但人类对城市的理解和认知却总是相对滞后的。放眼历史，人类对于城市空间的理解不断发展变化，并且存在这样一种现象——人类总是期望用已知的最高“真理”来理解和构建生存环境。

在古代，很多文明中理想城市的构想都有着对于某种崇拜对象的模仿。在面对充满未知的世界时，对神秘力量的信仰和祭祀是可以依赖的最高“真理”。进入工业文明后，科技的进步极大地拓展了人类对自然的掌控能力，特别是机械的出现，一度被认为是“最完美的形式”。社会、城市都被比作是运转的机械，分工与协作是保障一切社会活动的基础。现代主义城市规划正是基于这样的理念，功能分区的思想也正源于此。柯布西耶本人更是机械主义的忠实拥趸，他宣称“住宅是居住的机器”，赞美标准化的工业生产为社会所带来的巨大变革。

国际现代建筑学会在 1933 年的《雅典宪章》中提出城市具有四大功能——居住、工作、游憩、交通，并提出城市应当在区域规划基础上，按居住、工作、游憩进行分区及平衡后，建立三者之间联系的交通网。尽管事实证明现代主义城市规划严格的功能分区并不利于城市空间活力的营造和多元空间形态的形成，但《雅典宪章》对于城市功能的定义提供了一种对城市空间的理解方式。如果从人的活动的角度来思考的话，城市功能所对应的正是人在城市中的四种主要活动——居住、工作、游憩和交通。

在城市功能定义的基础上，城市地理学家艾伦·斯科特将城市公共服务的提供也考虑在内，提出城市的空间关系主要由三个要素构成：一是工作和就业构成的生产空间；二是居住社区构成的社会空间；三是基础设施与道路干线构成的流通空间。这三者在物理空间上进行集聚和相互组合，产生出有无限可能的城市形态。

而工业革命之后，人类科技进步的速度之快是前工业时代所无法想象和企及的。随着城市规模的持续扩展，当代城市的内部运作机制变得越来越复杂。今天，机械已不再是“最完美的形式”。基于20世纪末以来的生命科学和信息科学的爆炸式发展，人类对于数据和算法有了全新的认识和理解，近年来大数据和复杂网络研究的兴起正是最好的体现。

这也为我们理解城市空间提供了一种新的思路，即我们可以将城市理解为人流、物流、信息流等各种流动共同构建成的一个复杂网络，而城市空间则是这些流动发生的空间载体。

近年来，城市研究进入越来越复杂的局面，学科间的交叉和融合不仅是趋势所向，更是必然的需要，因为当代城市本身就呈现出复杂而混沌的状况。迈克尔·巴蒂提出将城市理解为“网络”（network）和“流”（flow）组成的系统。网络指组成城市系统各要素之间的联系，流则代表着区位之间联系的强度。巴蒂还借鉴复杂性科学、社会物理学、城市经济学、交通理论、区域科学以及城市地理学的相关研究，提出揭示城市运行深层结构的理论和方法。

将城市理解为各种“流”所形成的复杂网络载体，这种思路的重点在于城市中人类活动之间的联系和沟通。早在1969年，人类环境生态学创始人道萨迪亚斯（Constantinos Apostolos Doxiadis）就曾提出过类似的城市理解方式。他认为人类希望接近他人，也希望能就近取得生存资料，但同时又想要得到庇护，远离来自自然和他人的危险。据此，他提出人类聚居环境的形成遵循五个原则：一是联系最大化（maximization of contacts）；二是影响最小化（minimization of efforts）；三是保护空间的优化（optimization of protective space）；四是与其他要素联系的优化（optimization of relations with the other elements）；五是优化所有原理的综合（optimization in the synthesis of all principles）。这一理论也同样是将城市中人与人、人与生存资料之间的联系作为影响人居环境形成的重要考量因素。“联系最大化”促使人趋向集聚，“影响最小化”使得集聚有限度。城市形态即在人与其他要素的既吸引又排斥的双向过程中逐渐形成，与人的行为的集聚程度紧密相关。后三个原则均是通过优化人与其他要素之间的联系来获得实现“联系最大化、影响最小化”的最优解。

空间的集聚本质上体现了人的行为的集聚，行为上的关联才是空间集聚形成的重要维系。城市中必然存在人的行为在空间上的不均匀分布，包括现代之前的城市。从现今保存完好的诸多古城中都可以看出，城市的宗教、文化、商业等活动中心必然形成建筑空间的集聚。但由于建造技术的不足，古代用于日常居住生活的建筑层数有限，这意味着单元空间内可形成的建筑空间的总量上限较低。城市中建筑空间的集聚程度并不存在十分显著的差异，总体在三维上呈现扁平状。进入 19 世纪 80 年代后，随着安全升降机的发明和钢框架结构技术的成熟，摩天楼作为一种新的建造方式出现。它使得建筑空间在垂直方向上集聚的上限有大幅提升，从而打破了城市空间的均质分布。

另一方面，内燃机汽车、地铁等交通方式的出现，相比较原有的步行、骑行方式，人在城市中的移动速度及效率都有了大幅的提高。但伴随着速度的提高，这些交通方式的可达性却被限制了。现代社会的城市空间需要不断地改变自身来适应新的交通方式的速度和特征，主要体现在两个方面：一是，移动速度的提升意味着在可接受的通勤时间内人类可以移动的空间距离增大，城市在水平方向上可以拥有更广阔的规模；二是，高速但低可达的交通方式的出现，使城市空间呈现出一种爆炸式的跳跃扩散，从而加剧了现代城市空间集聚的不均匀状态。

每个人在城市中不断位移、发生活动、与人交往，这些日常行为都是主观意愿的体现，但在宏观整体层面却总是客观地反映出某种结构特征。而这些结构特征会以空间密度的物态形式展现出来。特别是以城市空间容量密度的形式，即前文中提到的容积率 *FAR* 的概念。因为它反映的是单位城市空间中建筑空间的容量，与人的行为活动息息相关。因此，在这种思路下，城市空间容量密度可以成为我们认知和理解城市集聚机制的有效途径。

# 第二十章　一种城市空间容量集聚机制假想

当我们把城市看作是由各种流所形成的复杂网络的空间载体时，人在城市中运动就如同气体分子一般。我们不妨这样想象，城市建筑所占据的空间区域是一张巨大的凸起的膜。各种现代交通系统就如同输送的管道，不断运输着气体分子，将膜吹得鼓起来。而高耸的建筑物就如同支架一样，可以将膜支撑起来以便容纳更多的气体分子。在它们的共同作用下，巨大的膜呈现出连续的起伏变化，反映出不同城市空间容量的密度分布（图 49）。

在这一假想中，有两个十分重要的方面：一是交通系统；二是比较高的建筑。这二者也是在前文分析中提到的，共同造成了当代城市出现空间分布不均匀的现象。因此，我们从高层建筑和交通系统这两个方面选取了若干影响因素，来定量探讨与城市空间容量分布的相关性（表 4）。现代城市内部的交通系统十分复杂，主要包括轨道交通和机动车交通两大部分。前文中提到了，不同交通方式的速度不同，可达性也不同。比如轨道交通和城市快速道路，尽管都是线型的要素，但由于具有很强的封闭性，只在轨道交通站点和快速道路出入口才

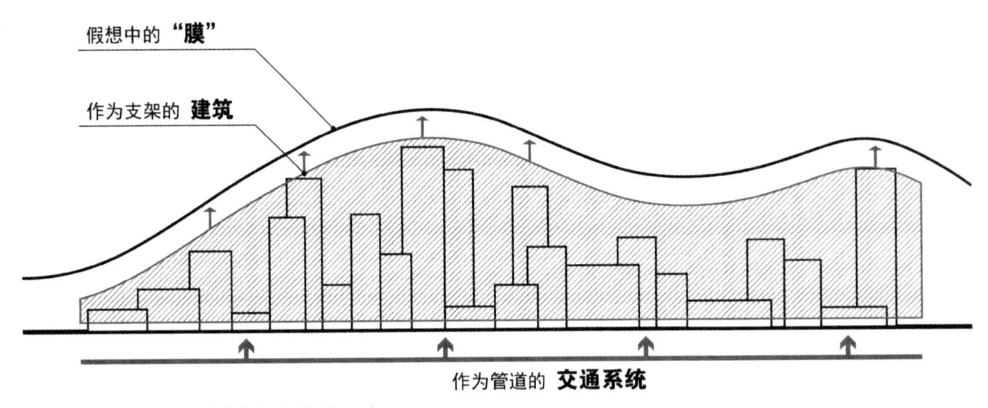


图 49　城市空间容量集聚机制假想示意
图片来源：笔者自绘。

与城市其他交通系统相联系。因此，我们选择轨道交通站点和快速道路出入口作为分析的点状要素。此外，还有地面的主干道网络和支路网络。在高层建筑方面，超过一定高度的建筑消防规范要求不同，并且不同功能的开发规则不同。建筑高度100米是个重要的分界点，100米以下的高层建筑数量较多，而100米以上的高层建筑数量较少且往往是商务办公为主。因此，我们也将高层建筑分为了两个因素。

六个影响因素的简要说明 表4

| 影响因素 | 英文代称 | 描述 |
| --- | --- | --- |
| 快速道路出入口 | Highway Entrance | 快速道路是指城市中有固定出入口的封闭道路，限速为80千米/小时以上 |
| 轨道交通站点 | Metro Station | 城市地铁或者轻轨站点 |
| 城市主干道 | Main Road | 城市中重要的机动车行驶道路，限速为40千米/小时至60千米/小时 |
| 城市支路 | Branch | 城市中较窄的机动车行驶道路，限速低于40千米/小时 |
| 较低的高层建筑 | L-Highrise | 建筑高度介于24~100米之间的高层建筑 |
| 较高的高层建筑 | H-Highrise | 建筑高度高于100米的高层建筑 |

图表来源：笔者自绘。

## 案例选取

我们选取了上海和纽约这两座具有代表性的当代城市作为实证案例，分别代表了东西方不同的文化背景和发展历程。同时，均选取其发展已经十分成熟的城市核心区作为研究对象，即上海内环范围内的城市空间和纽约的曼哈顿岛。以2015年的城市空间数据为基础[①]，上海内环范围内的城市面积约113.9平方公里，可以划分为143个空间单元，曼哈顿岛的面积约59.5平方公里，可划分为79个空间单元（图50），并用No.XXYY为其编号（其中XX为横向网格编码，YY为纵向网格编码）。根据建筑分布及三维空间信息，分别计算每个研究单元的容积率（*FAR*）值。在划分空间单元时，我们并没有依循两个城市既有的路网朝向，而是选用标准的正南北向网格，每个空间单元为1平方公里，是为了使两个案例的计算结果具有更强的可比性。

① 上海数据来源于2015年百度地图，纽约曼哈顿数据来源于2015年谷歌地图。

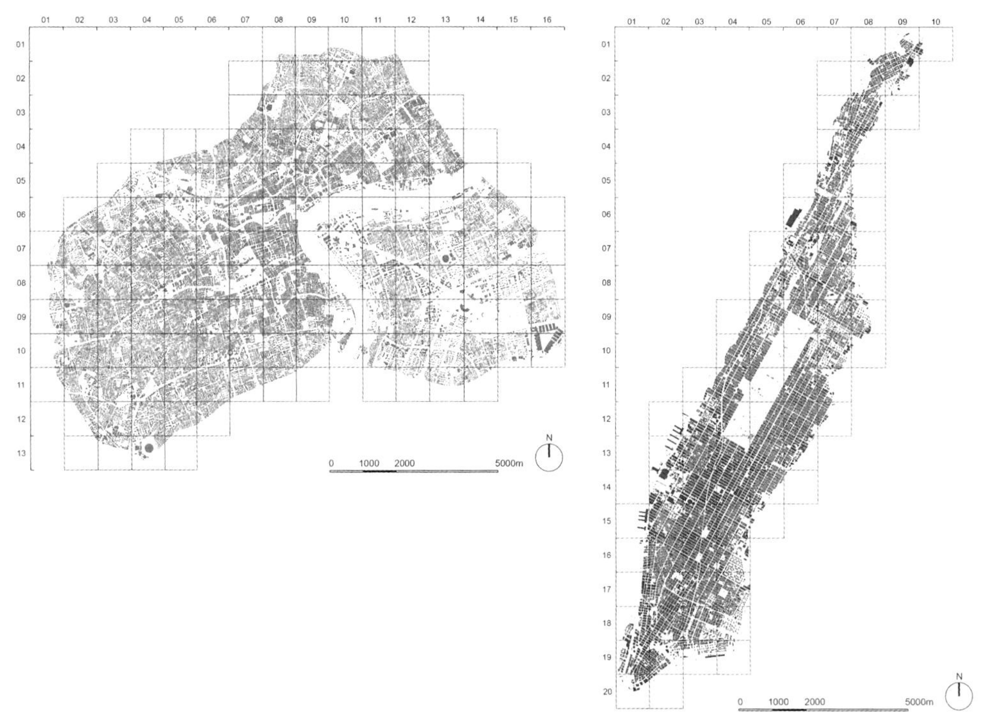


**图 50　上海内环范围与纽约曼哈顿空间研究范围及建筑分布图**
图片来源：笔者自绘。

需要说明的一点是，在具体计算时，滨水研究单元的用地面积 $A_1$ 取值为实际的陆地面积。例如在曼哈顿案例中，计算 No.0219 的 *FAR* 值时，$A_1$ 的取值为单元中浅灰色部分。而紧临中央公园的研究单元的用地面积 $A_1$ 取值为整个单元的面积，即 1 平方千米，如 No.0610（图 51）。这是因为，中央公园作为城市超大型绿地空间，在功能和体量上与某些城市中的山体、水体等自然空间相似，但它却是完全人为设计的结果，体现了规划者主观的土地空间利用意图，因此应当被计算在内。当 1857 年公园选址确认时，其位置尚处于纽约的郊区，可供选择的余地很大，完全可以分散为多个较小的绿地空间均匀布置。但中央公园选择集中为一个超大型的绿地空间（占地约 315 公顷），并且用完全的人造景观来再现十分自然的郊野风光，也可以说是“曼哈顿主义”的某种体现。

当我们将两个案例的计算结果进行比较，可以发现一些结论。如图 52 所示，纽约曼哈顿案例（以下简称 Case Ⅱ）中 *FAR* 值在 2.51 及以上的单元最多，占到总数的 38.0%，主要集中在曼哈顿中城和下城。在上海（以下简称 Case Ⅰ）的案

图 51　曼哈顿案例中 No.0219 及 No.0610 单元的用地面积 $A_1$ 取值示意
图片来源：笔者自绘。

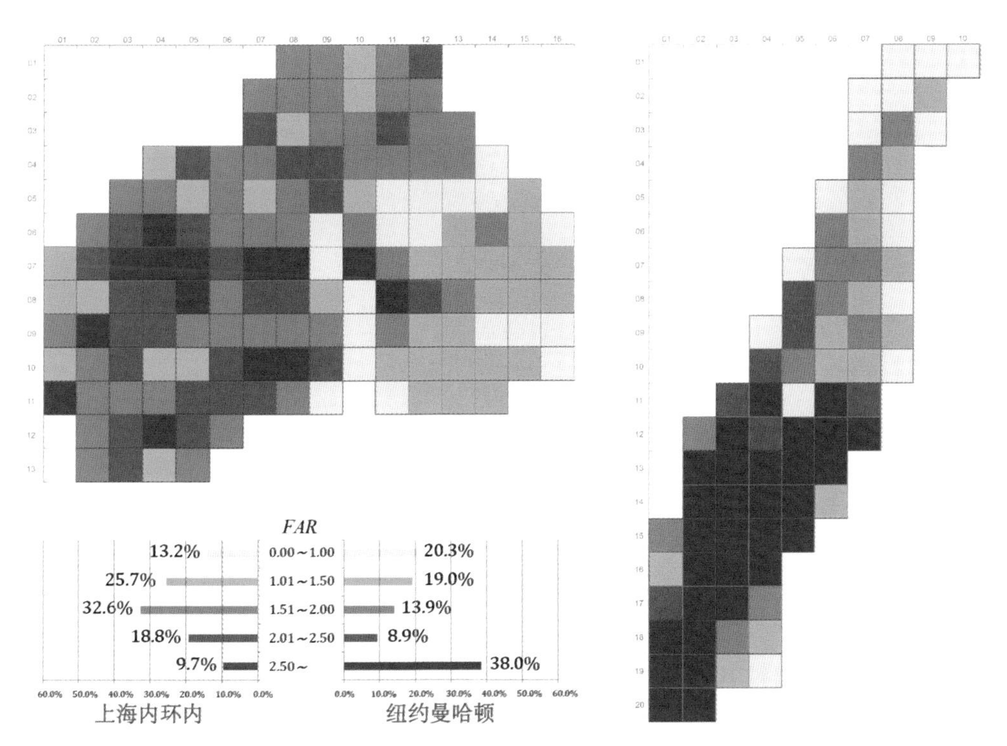


图 52　上海内环内区域和纽约曼哈顿的城市空间容量密度 *FAR* 值的分布对比
图片来源：笔者自绘。

例中，*FAR* 值在 2.51 以上的单元仅占总数的 9.7%，主要分布在城市中心。上海内环内区域中的单元数最多的 *FAR* 取值范围为 1.51~2.00，占比 32.6%，其次是 1.01~1.50，占比 25.7%。

可以说，Case II 的 *FAR* 高取值区间比例远高于 Case I。曼哈顿建设的最后一个高峰期是从 20 世纪 30 年代到 20 世纪 50 年代。近几十年来，城市空间形态一直处于相对稳定的阶段，大部分建设是局部的城市更新和公共空间品质的提升。而上海在经历了改革开放 40 年来的快速城市化进程后，已经完成了以扩大城市建成区为重点的发展阶段。未来发展的重点将转向城市空间结构的优化调整，以及土地利用效率与公共空间品质提升的融合。与曼哈顿相比，上海内环内的城市空间容量密度还有很大的提升空间，特别是浦东地区。合理地提高城市空间密度也是实现新时期城市空间发展的有效途径。

## 影响要素

进一步地，我们将分析前文中提到的六个影响因素自身的密度分布情况。在这里，我们选用的是核密度估计法（Kernel Density Estimation），计算方法如下：

假设序列 $x_1$，$x_2$，……，$x_n$ 是来自主因子 $X$ 之一的 $n$ 个观测特征的独立且相同分布的样本，具有未知的概率分布函数 $f(x)$。原始 $f(x)$ 的核密度估计计算方式如下：

$$\tilde{f}(x)=\frac{1}{nh}\sum_{i=1}^{n}K(x_i, h)$$

其中 $n$ 是样本数量，$h$ 是带宽，$K$ 是高斯核函数，其中 $K(x_i, h)=\frac{1}{2\pi}e^{-\frac{(x_i-\hat{x})^2}{2h}}$。

通过计算，两个案例中六个基本因素的密度分布如图 53 所示。密度分布图中越亮的部分表示密度越高，越暗的部分表示密度越低。需要说明的是，这些密度分布只能表明同一要素相对较高或较低的值，数据本身并不具有实际的空间意义。

上海和纽约经历了不同程度的发展过程，这六个因素在两个案例中的分布特征不同，与城市空间容量密度 *FAR* 的分布相关性也不相同。我们采用皮尔森相关系数（the Person Correlation Coefficients）来进行两两对比分析。如图 54 所示，总体而言，Case I 中六个影响因素的相关度比较接近，其中 *FAR* 与 Highway Entrance、L–Highrise 和 H–Highrise 呈强正相关关系，$p$ 值小于 0.01。但在 Case Ⅱ

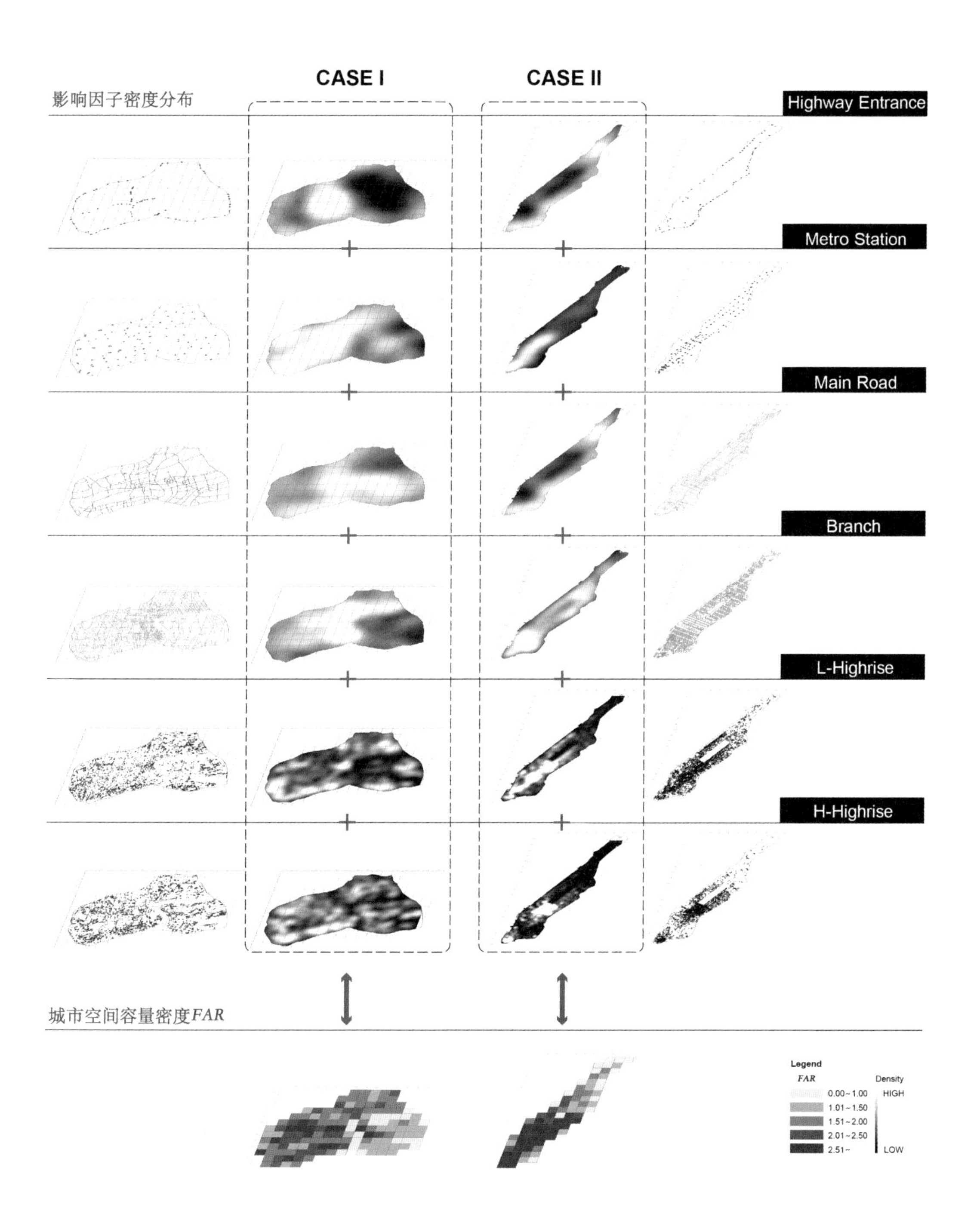


图 53　上海内环内区域和纽约曼哈顿的六个影响因素的密度分布分析
图片来源：笔者自绘。

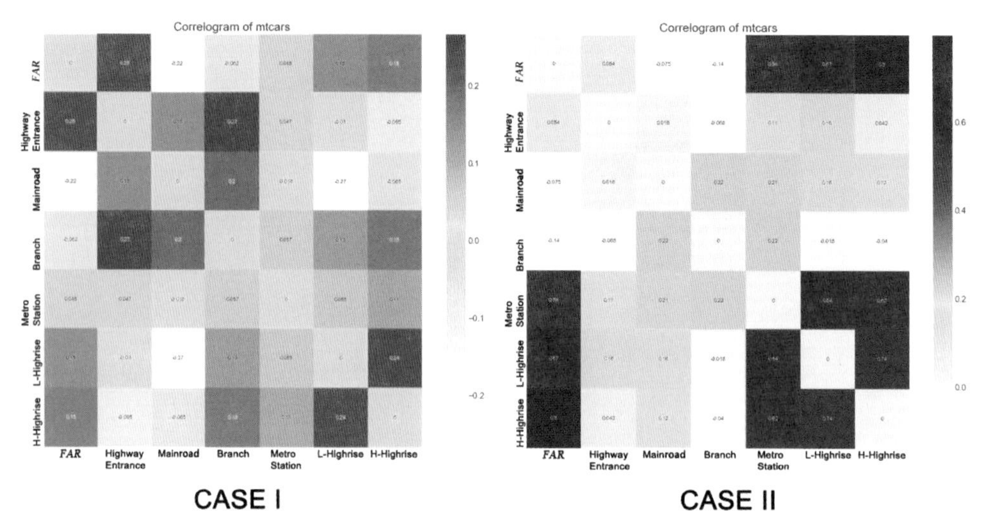


**图 54 *FAR* 与六个影响要素的密度分布之间的皮尔森相关系数**

图片来源：笔者所主持的城市空间密度研究小组，王健嘉、朱浩然绘制。

中，六个影响因素与 *FAR* 的相关度差异较大。*FAR* 和 Metro Station、L-Highrise 和 H-Highrise 之间存在强正相关，但与 Highway Entrance、Main Road、Branch 之间的正相关不那么强。究其原因，是因为曼哈顿的路网较为特殊，并不是随着城市发展逐渐形成的，而是从一开始就建立起的一套同质的网格形状。虽之后略有调整，但基本格局没有改变。而曼哈顿的路网密度本身就比较高，因此可以为高容量地区提供足够的交通支持。

根据本章开头的假设，在理想情况下，*FAR* 应与所有六个因素均呈正相关关系。但在 Case I（上海内环内区域）中，*FAR* 却与 Main Road 和 Branch 呈负相关。这似乎违背了我们通常的理解，即良好的交通可达性会导向高密度的集聚。对于城市主干道来说，确实可以为周围带来更好的可达性。但同时，主干道本身会占据大量用地空间，从而降低整个空间单元的 *FAR* 值。而对于 Branch 来说，这是因为上海的城市发展在不同历史时期会呈现出空间格局上的巨大差异。于 20 世纪 20~40 年代建成的城市区域呈现出密集路网和多层建筑的形态特点。时至今日，上海的市中心仍有部分具有这样空间肌理的历史文化保护区。与 20 世纪 90 年代以后建成的新城区相比，这些地区的 *FAR* 值低得多。因此，会产生与通常理解相悖的情况，这也反映出城市空间形态研究的复杂性。

图 55 所示的密度分布直方图则展示得更为直观，也可以看出 *FAR* 与六个影

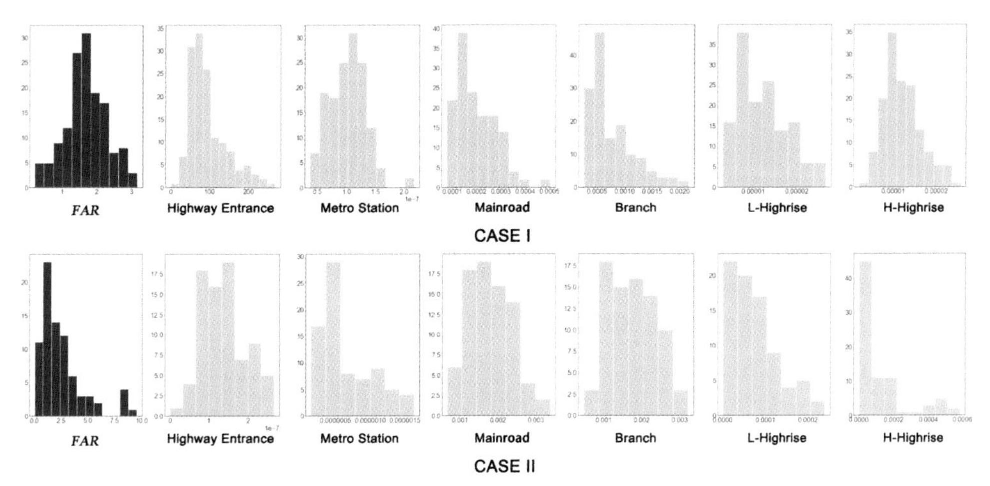


图 55 *FAR* 与六个影响要素密度的分布直方图
图片来源：笔者所主持的城市空间密度研究小组，王健嘉、朱浩然绘制。

响因素之间潜在的相关性，但并非简单的线性相关。也就是说，这六个影响因素的选择具有合理性，但需要更为复杂和精准的数学模型来阐释它们与城市空间容量密度 *FAR* 之间的关系。

## 模型构建

基于假想，城市是由各种流所形成的复杂网络的空间载体，人在城市中运动就如同气体分子一般。因此，我们尝试引入统计力学中的数学模型来探讨城市空间容量密度 *FAR* 与六个影响因素之间的关系。

首先将城市划分为 $n$ 个区域，并由指数 $i$ 确定，其中 $i$=1，2，……，$n$。这一系列位置指的是人的行为活动发生的区域。在这里，我们从一个通用公式开始，通过考虑不同数量的人的行为活动来呈现这些位置的分布，从而构建一个城市空间分布与人的行为活动相关的研究框架。在前文的分析阐述中，我们也提到了，城市空间可以理解为人的行为活动的空间载体，行为集聚在空间上的分布可以形成疏密不同的空间形态。我们挑选了与城市空间容量密度 *FAR* 相关的六个影响因素，它们共同作用形成一种合力，从而吸引或排斥城市空间容量的分布。在这里，我们引入 $H$ 来表示这种线性吸引和排斥效应，即：

$$H=\sum_i \beta_i E_i$$

其中 $E_i$ 是六个贡献因子，$\beta_i$ 是线性回归中的系数。

接着，我们对所有影响因素组合的概率分布进行归一化。在这里，我们假设 $H$ 遵循指数定律，它作为吸引力和排斥力从而影响每个位置的城市空间容量。即每个位置的密度概率服从指数统计：

$$P_k=\frac{e^{-H_k}}{\sum_k e^{-H_k}}$$

然后，将每个位置的容量定义为信息熵（information entropy），即每个位置密度概率的平均对数，从而阐释其内在特征关系。

$$C=-\sum_k p_k log P_k=-\sum_k \frac{e^{-H_k}}{Z} log \frac{e^{-H_k}}{Z}$$

其中，$Z=\sum_k e^{-H_k}$是每个位置的线性组合运算的指数项的总和。

通过上述熵统计模型，我们推导出一个新的变量，称为容量估计（Capacity，图 56）。它代表的是在六个因素的综合影响下，某一位置可能集聚的空间容量。这个值本身并没有实际的空间物理意义，但其相对大小可以显示出分布上的差异。而将上海内环内区域和曼哈顿两个案例计算得到的 Capacity 值分布与实际的 *FAR* 值分布进行对比时，可以直观地发现，与单个因素密度的分布直方图相比，两个案例的 Capacity 值分布直方图与实际的 *FAR* 值分布直方图有着更强的相似性（图 57）。

这表明从我们的熵统计模型得到的容量估计 Capacity 值可以较为准确地反映出城市空间容量密度的分布情况。并且相比而言，曼哈顿案例的两个分布直方图

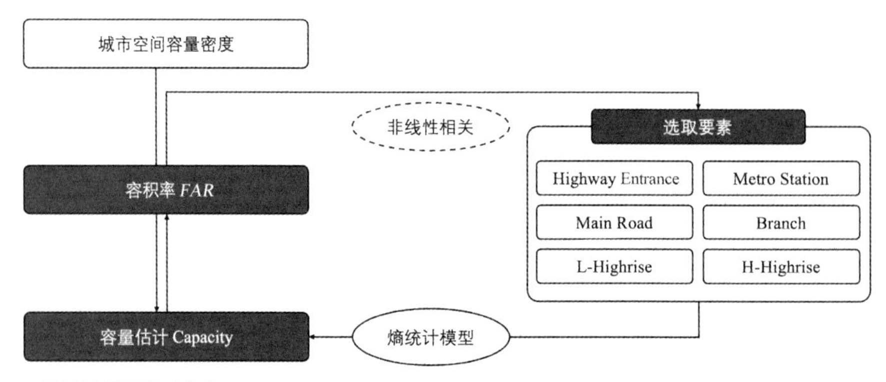


**图 56 熵统计模型构建框架**

图片来源：笔者自绘。

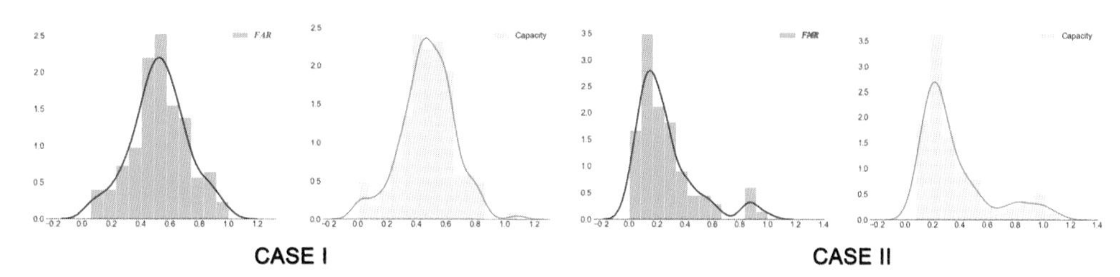


**图 57　容量估计 Capacity 与 *FAR* 的分布直方图**
图片来源：笔者所主持的城市空间密度研究小组，王健嘉、朱浩然绘制。

更为接近。这是因为曼哈顿的城市发展已经进入较为稳定的阶段，因此各要素综合影响所导向的容量估计也更趋近于真实的空间密度分布。

一直以来，城市中、宏观尺度的空间密度实证研究存在诸多困难，空间数据获取困难是一方面，成因机制复杂也是亟待解决的问题。我们尝试将统计力学的方法引入城市空间容量密度分布的讨论中，在上海和纽约两个城市实例中并被证明是有效的。这也可以为我们提供一种新的思路，即我们可以通过合理的类比，借鉴自然科学的模型和方法来讨论城市科学中的一些问题，有助于更好地理解当代城市的发展和运作机制。

# 第二十一章　将密度分异作为空间形态设计的核心框架

空间密度定量研究可以为城市空间形态提供较为科学理性的设计依据。在我国既往的规划体制中，空间密度控制往往更多地体现在城市微观尺度的详细规划设计中，因而在整体上缺乏合理有效的统筹协调。多因子影响的密度形成机制研究可以帮助我们对城市空间密度分布有全局性的把握。在上一章中，我们提出了一种城市空间容量集聚机制的假想，目前还只是基于实证分析的估算模型。但我们认为，它有可能为城市空间规划提供新的思路，即将空间密度分异作为构建城市空间结构的核心框架。

城市空间形态拥有多种属性，在不同的历史时期和社会经济背景下，各种属性所起到的影响作用是不同的。而对城市空间形态起决定性影响作用的核心属性往往需要具备两个标志：一是具有显著的分异特征；二是这种分异是可以通过理性思考来作出判断的。

比如当今世界范围内城市规划的理论制度普遍受到《雅典宪章》影响，将功能分异作为空间结构组织的核心框架，在此框架下再进一步探讨有关形式、密度等其他属性。我国目前现行的城市规划思路和方法亦是如此，土地利用的核心议题是使用功能，其次才是利用效率，即空间密度。这也正是为什么城市总体规划的土地利用规划图中表达的是功能分异，而容积率、建筑密度等空间密度的指标要到控制性详细规划这一层面才有所体现。

然而，随着社会和城市的不断发展，新的城市状况不断出现，城市边界在逐渐消失，功能定义在逐渐模糊。2018 年 4 月，我国住房和城乡建设部城乡规划标准化技术委员会印发了新一版《城乡用地分类与规划建设用地标准（征求意见稿）》，其中在第 3.3.3 条中指出“编制大城市、特大城市、超大城市总体规划，可采用主要功能区块布局方式，将城市建设用地类型简化为居住生活区、商业办公区、工业物流区、城市绿地区、战略预留区等城市功能区类型，每个功能区可包括必要的大、中、小用地类别”。也就是说，混合功能用地已经从具有先锋性的规划建议逐渐成为我国大城市空间使用的常态。在这种情况下，以功能分异作为形态组织核心框架的局限性会愈发突显。而在空间的功能分异日益模糊的同时，密度的分异却在逐渐加剧，特别是在那些规模巨大的特大城市和超大城市中，鲜明地体现出当代城市空间集聚的本质是人的活动集聚的物质环境承载。

这种新兴的城市状况也使得将密度分异作为城市空间形态组织的核心框架的设计思路成为可能。也就是说，首先将城市整体空间划分为不同等级的密度分区，在此分区基础上，再针对密度特征进行相应的功能调整配置和建筑形式选择等的规划设计。密度分区划分的依据是与人的空间集聚特征及需求相匹配。

从密度分异出发在城市中观和宏观层面进行空间形态组织时，大致可以按照如下步骤进行（图 58）：

一、针对街区单元（或者是本书中选择的基本研究单元）选择若干相关城市要素，通过多因子影响叠加估算（例如前文中的熵统计模型，也可以是其他模型），得到相应的城市空间容量级值分区；

二、依据城市的发展预期，例如确定合理的对标城市，来确定各级值分区具体的密度取值区间；

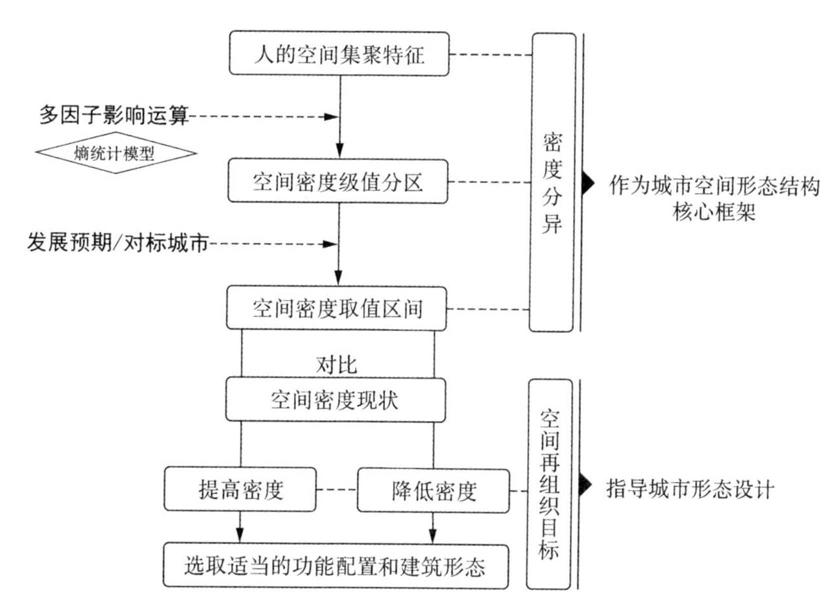


**图 58　将密度分异作为空间形态设计核心框架的设计策略**
图片来源：笔者自绘。

三、将得到的密度取值区间与密度现状进行对比，从而得到各个街区单元（或基本研究单元）的空间再组织目标，即提高密度或者降低密度，来与人的行为集聚需求相匹配，或者实现宏观上的某种空间规划意图；

四、针对各街区单元具体的空间再组织目标，来选择可以达到目标的适合的功能调整方案以及建筑群体形态。

城市规划的核心目标是使城市资源得到更精准、更有效的配置，未来城市空间密度分异的优化方向是与人的行为活动的空间集聚特征相匹配。对于像上海这样已经完成以用地规模扩张为主的初步城市化阶段的大城市和特大城市，未来建设的重点是空间结构的优化和空间品质的提升。功能分异已经不再是影响这些城市空间形态变化发展的重要因素，密度分异有可能取而代之，成为城市空间形态再组织的核心框架。基于多因素影响下的空间密度分异研究，可以帮助规划决策者从密度这一视角明确城市中亟待优化和提升的空间在哪里，并明确空间再组织的方向——提高密度或者降低密度。在此基础上，再选择可以达到目标的适合的功能调整方案以及建筑群体形态。

# 第二十二章　基于密度的城市设计思考

当我们将视野缩小，进入城市微观尺度的时候，有关密度的思考也同样可以为我们提供分析和解决问题的思路。正如 MVRDV 在诸多城市和建筑空间创作实践中，正是将对密度的理解和追求贯彻其中，从而形成一种源自密度的美学追求。笔者曾于 2020 年指导上海大学上海美术学院建筑系 2015 级本科生 6 名，以陆家嘴中心区的城市空间形态研究及空间改造设计为题，进行毕业设计创作（以下简称陆家嘴中心区毕业设计小组①）。

陆家嘴中心区，通常也称“小陆家嘴”，是上海陆家嘴金融开发区的核心区域。1990 年，国务院宣布开发浦东，并在陆家嘴成立全中国首个国家级金融开发区。经过短短二十几年的发展，陆家嘴中心区从一片被城市建设忽略的“处女地”一跃成为上海城市最耀眼的“名片”（图 59）。之所以能在如此短时间内在空间形态上产生巨大跃迁，最主要的原因是国家战略的引入及经济力量的推动。也就是说，至今为止的开发都是基于国家视角下的发展。

但无论城市空间是如何形成、发展的，最终都需要接纳生活在这里的各种使用者，才能融入市民的日常生活。一个有趣的事情是，我们毕业设计小组中 6 位同学去过陆家嘴中心区的次数均只有一次，且其中 4 位是自小生长在上海的上海人。这也从一个侧面反映出陆家嘴中心区目前所处的尴尬境地，它是一个发达的金融产业区，却不是一个充满吸引力的城市中心区。它是上海的城市名片，却离市民的日常生活十分遥远，缺少应有的城市公共活力。而这将阻碍陆家嘴中心区的进一步发展，毕竟金融中心区不是重工业区，有活力才是城市空间的灵魂所在。这也正是我们将陆家嘴中心区的空间形态研究和改造设计作为研究课题的原因所在。

---

① 分别是 2015 级薛文劲、丁迪纾、丁嘉欣、陈鹏、吴宣莹和陆芸菲 6 位同学，以及 2016 级杨颖同学。

图 59　陆家嘴中心区的巨变（左为 1987 年，右为 2013 年）
图片来源：http：//www.mianfeiwendang.com/doc/4aa6d7444353a48c5c516ff66。

## 陆家嘴中心区的空间密度特征

陆家嘴中心区东起即墨路、浦东南路，西至黄浦江边，南起东昌路，北至黄浦江边，面积约 1.7 平方千米。作为陆家嘴金融开发区的核心区域，以及上海新的中央商务区（CBD），陆家嘴中心区的规划经历了十几年的研究设计过程。从最初的 1986 年上海城市总体规划编审中提出概念构想，到 1987 年中法合作研究确认城市设计原则和基本格局，再到 1992 年的方案国际咨询的组织，之后又经过数轮方案深化，最终于 1993 年 12 月，《上海陆家嘴中心区规划设计方案》正式公布。

方案提出，由滨江绿地、中央绿地及沿发展轴绿带共同组成中心区的绿化系统，并作为设计结构的基础。16 公顷中央绿地空间包围核心区超高层三塔（建筑高度 360~400 米）作为里程碑建筑，同时被弧形高层带（160~200 米）及其他开发带高层建筑所围合（图 60）。规划开发总量为 418 万平方米，核心区的容积率为 10，高层带的容积率为 8~10，其他楼宇的容积率为 6~8，滨江及文化设施的容积率为 2~4[①]。截至 2018 年 9 月底，陆家嘴已建成各类商办建筑总量 252 幢，主要分布在世纪大道轴线两侧，建筑面积约 1500 万平方米，其中已竣工投入使用办公面积约 1400 万平方米。入驻企业达 4.2 万家，以金融、航运、贸易三大产业为主。各类从业人员总数 50 余万名，其中近五分之三为金融从业人员[②]。整个中心区只在滨江区域布有少量高档住宅小区，并零散设有少量文化性建筑和商业空间。

---

① 这里的容积率指标是以单个建筑项目的用地范围来计算的，不包括城市道路、公园等其他公共空间在内。

② 数据来自陆家嘴金融区官方网站 http：//www.pudong.gov.cn/shpd/gwh/023002/023002007/。

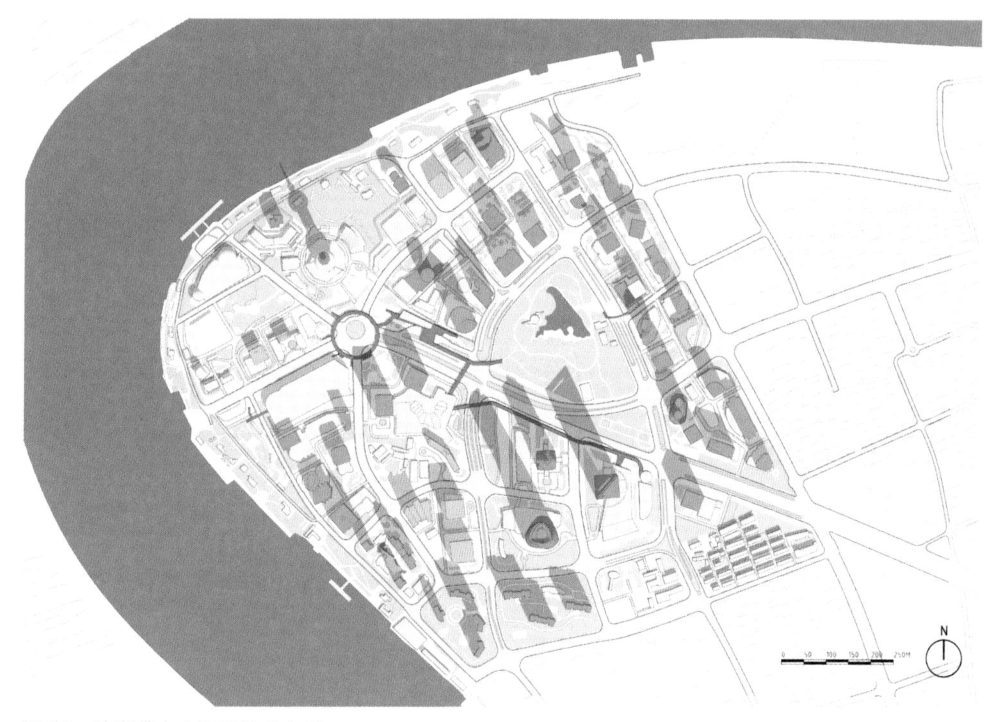


**图 60　陆家嘴中心区建筑分布图**
图片来源：陆家嘴中心区毕业设计小组调研并绘制。

该方案形成的复杂过程反映出陆家嘴中心区的重要性和历史意义。方案融合了多方意见，在城市设计空间推演的基础上，以大面积绿地空间为主体结构来组织高层建筑群落的空间形态。目前，陆家嘴中心区按照该规划方案思路已经基本建设完成，形成了低建筑密度、高建筑高度、高容积率的中央商务区城市景观。

我们提取了前文研究网格中的陆家嘴中心区所在的四个研究单元，每个研究单元面积为 1 平方公里，作为密度分异研究范围。范围内基本涵盖了陆家嘴中心区，还有一部分浦西的滨江区域（这部分在密度研究中不作讨论）。经计算得到，陆家嘴中心区研究范围整体的容积率为 2.6，建筑密度为 20%，平均层数为 13[①]。

不妨作一个横向的对比。我们从三个高密度城市空间代表的国际大都市——纽约、东京、新加坡中提取了四个城市中心区片段——曼哈顿钻石街区、曼哈顿金融区、东京丸之内、新加坡莱佛士，来与陆家嘴中心区进行横向对比。为了建

① 计算时减除了黄浦江水体空间的面积。

立统一的计算平台，所有案例都以正南北向为坐标方向，选取 2 千米 ×2 千米的研究范围，即四个 1 平方千米标准研究单元。得到的数据结果如表 5 所示。

可以看出，不论是容积率还是建筑密度，陆家嘴中心区的密度在几个中心区中都是较低的，特别是建筑密度。密度数值高低本身并不代表着绝对的优劣，但我们需要挖掘密度数值背后所隐含的空间特征与问题。即密度值只是表征，背后的逻辑联系才是根本所在。

首先，在一定程度上，我们可以认为陆家嘴中心区是勒·柯布西耶所提出的“光辉城市”中城市中心区的现实版本。但正如第三部分第五章中所述，这种理想化的城市形态追求的是效率优先，所有的机动车行交通被设置在了高架层上，极低的建筑密度是为了在地面留给公众更广阔的绿化空间。初衷美好，却忽视了步行可达性在其中的重要作用。而陆家嘴中心区目前的空间形态中，机动车交通本就占用了大量的地面空间，公共绿地集中成三个块状公园，且有两个还分布在滨

城市中心区空间密度比较研究　　表 5

| 案例 | 陆家嘴中心区 | 曼哈顿钻石街区 | 曼哈顿金融区 | 东京丸之内 | 新加坡莱佛士 |
|---|---|---|---|---|---|
| | 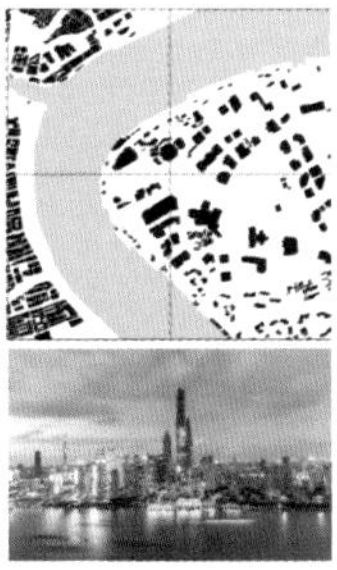 |  |  |  | 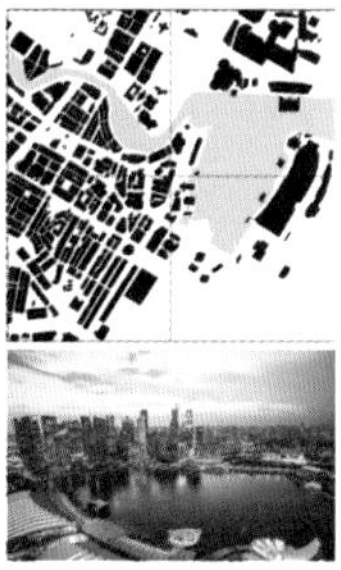 |
| 容积率 | 2.6 | 7.5 | 5.1 | 3.0 | 3.0 |
| 建筑密度 | 20% | 50% | 38% | 27% | 32% |
| 平均层数 | 13 | 15 | 13 | 11 | 9 |
| 密度雷达分布图 | 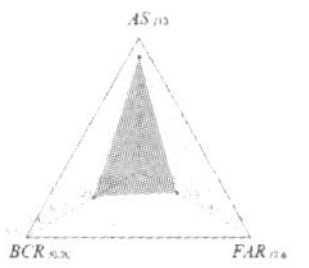 | 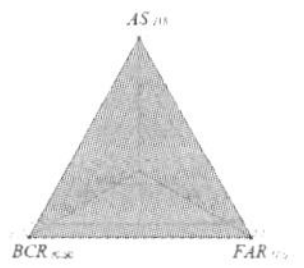 | 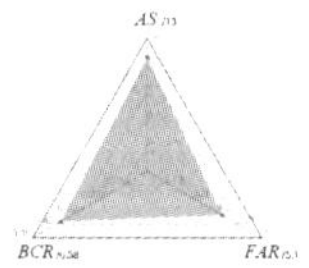 | 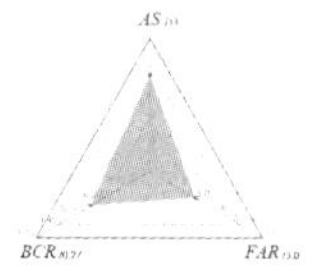 | 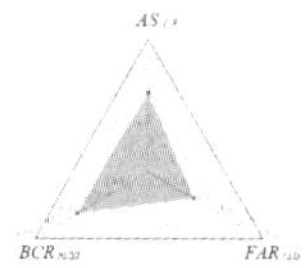 |

图表来源：笔者自绘。

表中照片来源：从左到右：https：//baike.baidu.com/pic/%E9%99%86%E5%AE%B6%E5%98%B4/73576?fr=lemma；https：//www.sohu.com/a/284431999_481925；作者 King of Hearts，https：//commons.wikimedia.org/wiki/File：Lower_Manhattan_from_Governors_Island_August_2017_panorama.jpg；https：//mage-k.lofter.com/post/9cd5c_6830c58。

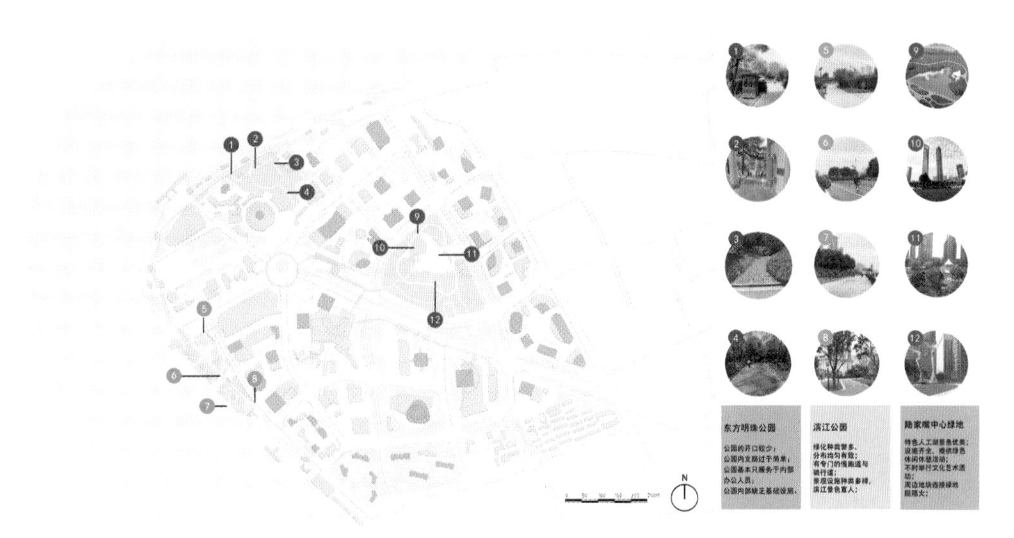


**图 61 陆家嘴中心区公共绿地分布情况**
图片来源：陆家嘴中心区毕业设计小组调研并绘制。

江的边缘位置（图 61）。从实地调研中发现，这些绿地的使用率并不高。一方面，陆家嘴中心区的功能封闭性较强，无法吸引非工作在这里的市民前来活动；另一方面，在目前以机动车交通优先的空间框架下，对步行体验的考虑并不充分。在繁忙的工作节奏下，中心区的从业人员也无暇在工作日去这些绿地活动。因为午休通常只有 1 个小时的时间，而步行到最近的公共绿地平均单程就要走上 20 分钟。

而在剩余的地面空间中，虽然留出了很多公共性的场地，并且这些空间的设计感及品质都不低，但除了东方明珠前环形天桥所串联的地面空间具有较高的使用强度外，其余场地空间的公共使用强度均不高（图 62）。这些场地就如同橱窗里闪闪发光的珠宝，看着很好，却有着生人勿近的气场。也就是说，这些公共性场地的景观性远大于使用性，缺少公共活动的支撑。

另一方面，极低的建筑密度意味着与地面相接的建筑空间面积会很少。通常，地面层、低层或者与公共交通系统（如地铁、人行天桥）相接楼层的建筑空间的公共性更高，也具有更高的商业价值。也就是说，低建筑密度使得陆家嘴中心区中具备较强公共性的建筑空间很少（图 63）。

极低的建筑密度还意味着整个中心区的空间容量重心在高层部分。从空间容量的角度来看，一幢高层建筑无异于一个封闭的街区。高层建筑各层空间之间的联系完全依赖于垂直交通，就如同街区内部的尽端道路一样。高层建筑彼此之间

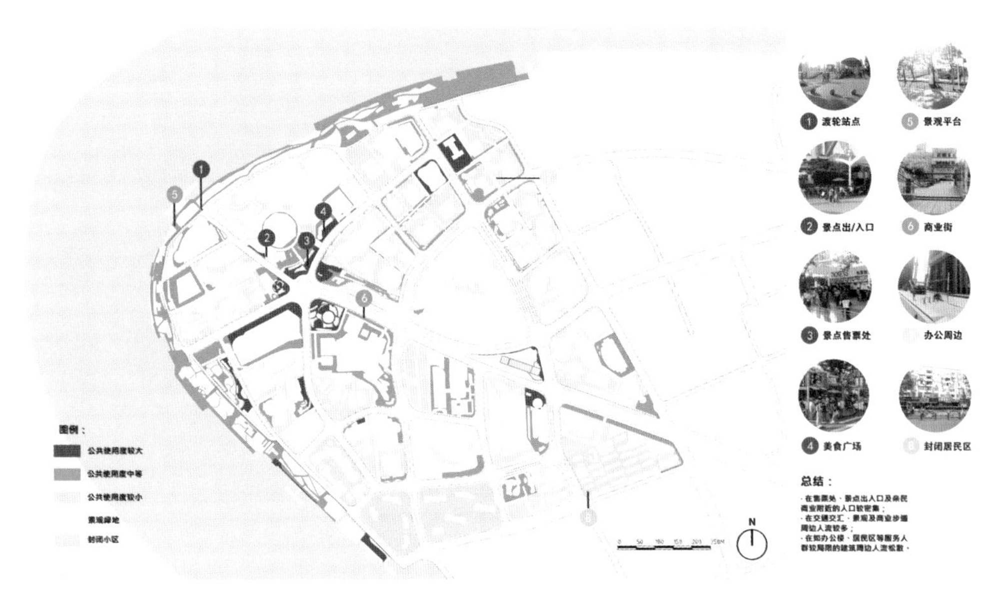


图 62 陆家嘴中心区公共场地使用现状情况
图片来源：陆家嘴中心区毕业设计小组调研并绘制。

的联系只能依靠地面交通。即便是近年来增建了世纪大道沿线的二层空中步道，亦不能改变高层建筑空间之间缺乏联系性的现状。相比之下，香港中环地区的立体公共交通系统便是十分成功的先例，不仅增强了从中环码头至香港公园沿途的步行可达性，更增强了沿线高层建筑之间的联系。除了空中步行连廊的作用外，将高层建筑中的若干垂直交通面向公众开放，也是十分重要的一环。

建筑空间是城市生活的载体。作为金融商务区，以商务办公空间为主体是必然的要求。但在一幢建筑当中，或者一个地块当中，过于单一的空间功能使得人的行为活动单一，人群同质性强且彼此之间无太多沟通联系，这本身并不利于交往活动的发生。而有交往性的活动才是城市活力的源泉。近年来，随着浦东滨江绿地的全线贯通、浦东美术馆的开放等，陆家嘴中心区对于市民的吸引力已大幅提升。这也说明，提高空间功能的混合度和增加可达性是提高城市活力的有效途径。

## 陆家嘴中心区城市空间改造设计实验

我们认为，可以通过对陆家嘴中心区进行空间改造，激发城市活力，使其在完成金融中心的国家职能的同时，更好地融入上海的城市公共生活，既是“中国的陆家嘴”，也是“上海的陆家嘴”。

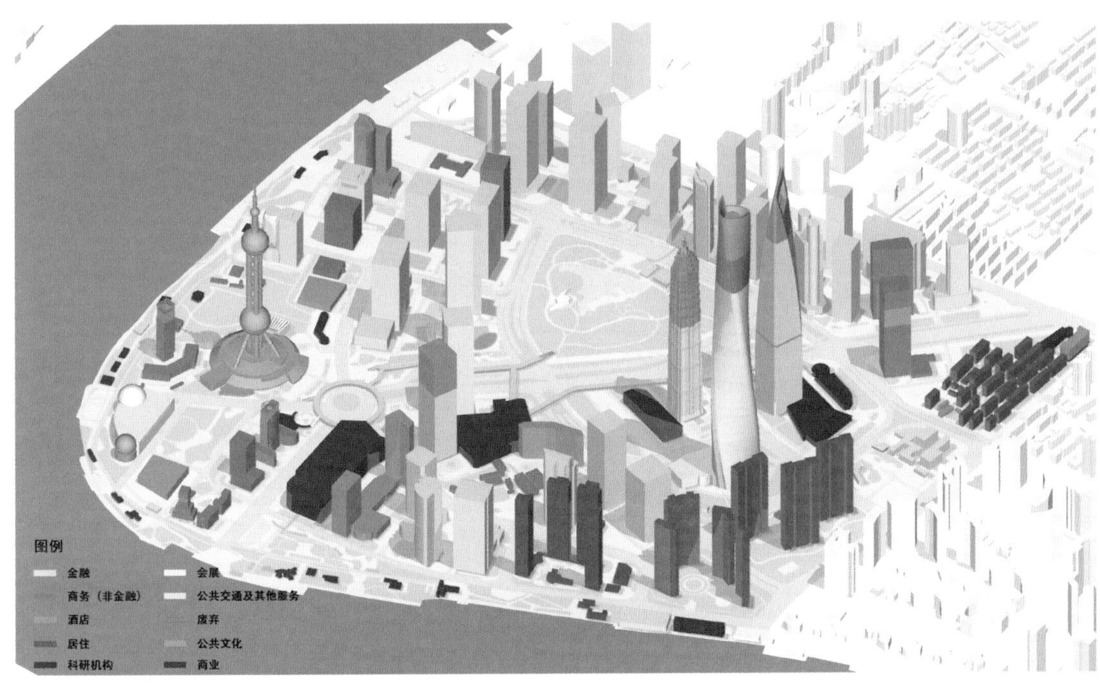

**图 63 陆家嘴中心区建筑空间功能及公共性分析图**

图片来源：陆家嘴中心区毕业设计小组调研并绘制。

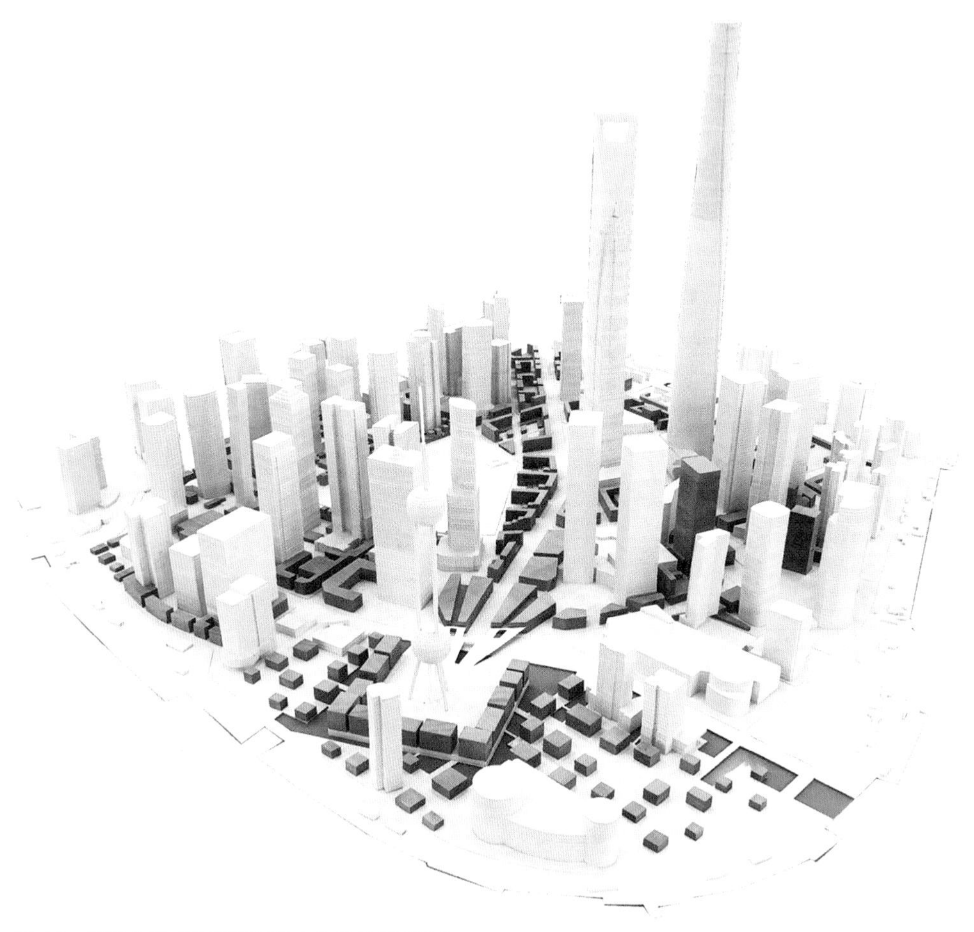

**图 64 同济大学“陆家嘴再城市化的教学实验”**
图片来源：2017 上海城市艺术季展览，笔者拍摄整理。

2017 年，同济大学蔡永洁教授所带领的教学团队也曾针对陆家嘴中心区的空间问题，通过增加建筑密度的策略，在城市中心区中置入多层、围合性建筑来增加公共开放界面，构建小尺度街区，增强城市中心区的市民性（图 64）。

而我们的设计教学实验则是从另一个方向来介入这个问题。在陆家嘴中心区既有的空间形态特征基础上，通过提高交通联系性、增加混合功能、在高层建筑空间中置入公共空间等方式，增强该区域内建筑空间和外部空间的公共性、增加建筑空间之间的联系，增加在此区域的空间活动类型并促进交往活动的发生，从而增强陆家嘴中心区的吸引力和城市活力（图 65）。

在此思路下，我们进行了整体城市设计构想（图 66）。具体来说：

1）构建串联整个空间区域的立体步行交通系统，包括新增环形轻轨、地块内步行通廊、高层空中连廊三个层级，并将每座高层建筑中的一至两部垂直交通面向城市公众开放，来联系不同街区和不同建筑，增强空间的步行可达性；

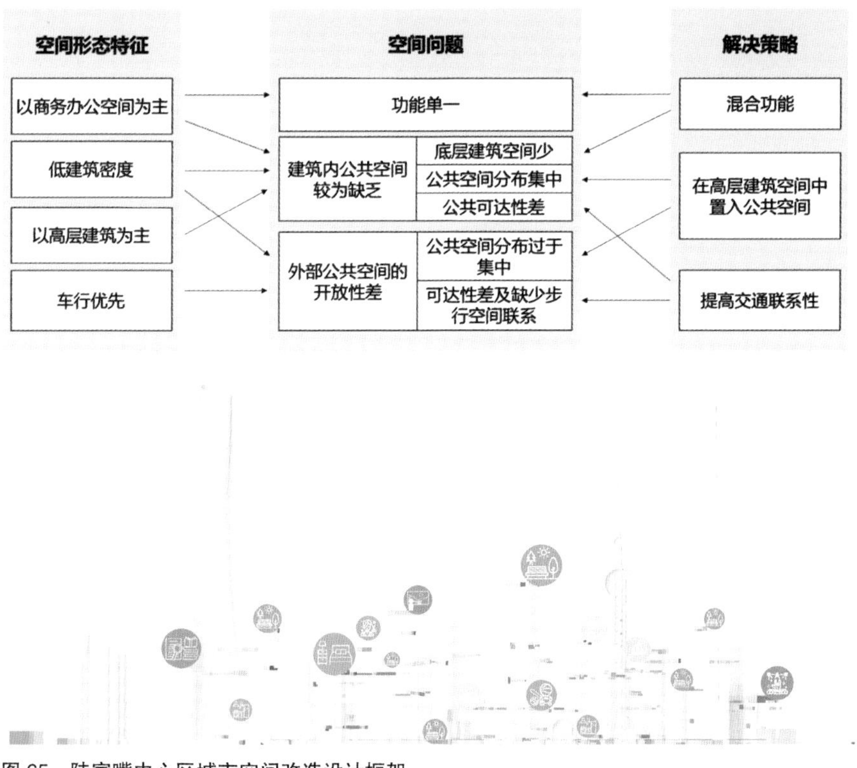


**图 65　陆家嘴中心区城市空间改造设计框架**
图片来源：陆家嘴中心区毕业设计小组绘制。

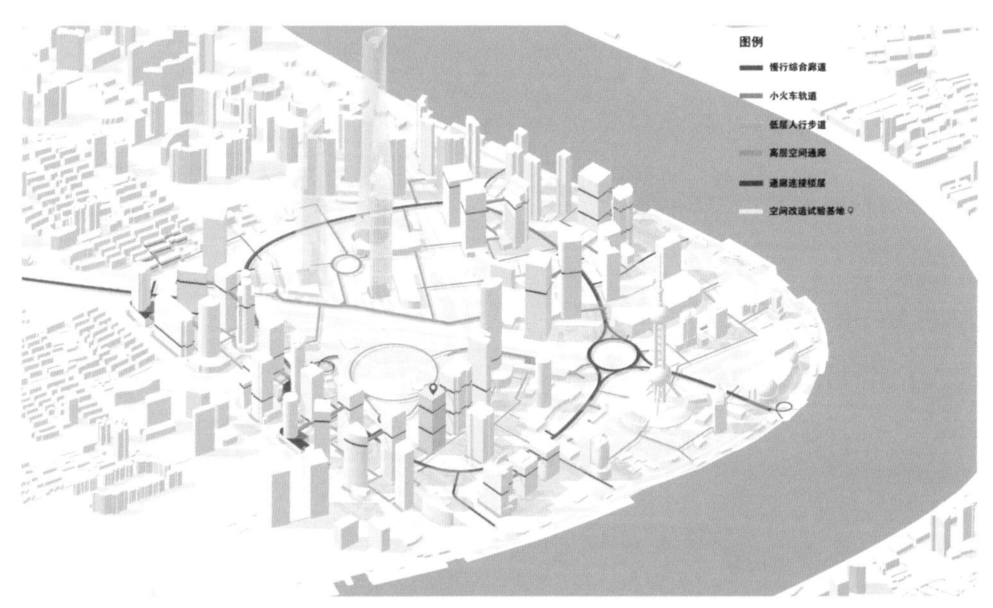


**图 66　陆家嘴中心区空间改造城市设计总体构想**
图片来源：陆家嘴中心区毕业设计小组绘制。

2）提高摩天楼内的功能混合度，打破无形的界限，增加行为活动的类型并促进交往活动的发生；

3）在立体步行交通系统旁增设不同类型的公共节点，并在高层建筑中选择有可操作性的楼层作为城市中次一级的公共空间，置换其中的功能，提高区域内公共空间的总量及分布范围。

通过这些空间操作，在该地区现有的宏大叙事性空间架构中创造更具有市民性和生活气息的空间体验，提高陆家嘴中心区的城市活力。

我们还注意到繁华的陆家嘴中心区竟存在一座废弃状态的高层建筑——黄金置地大厦（图 67）。该建筑位于陆家嘴中心区的核心地段，交通条件优越，南临陆家嘴中心绿地，曾经估值 150 亿元人民币，然而在 2007 年封顶建成后即被荒废。设计小组便以此大楼为假想基地，通过建筑改造来呈现总体城市设计的意图。

如图 68 所示，我们在黄金置地大厦西北侧场地增设环线轻轨站点，增强该地块的交通可达性，并在地块内增加建筑之间的多层步行通廊。建筑功能上，在地面层增加泳池、商铺、二层裙房屋顶花园等公共空间。在高层中，置换若干层

**图 67 处于废弃状态的黄金置地大厦**

图片来源：https：//www.skyscrapercity.com/threads/ghostscrapers-abandoned-skyscrapers.487881/page-16。

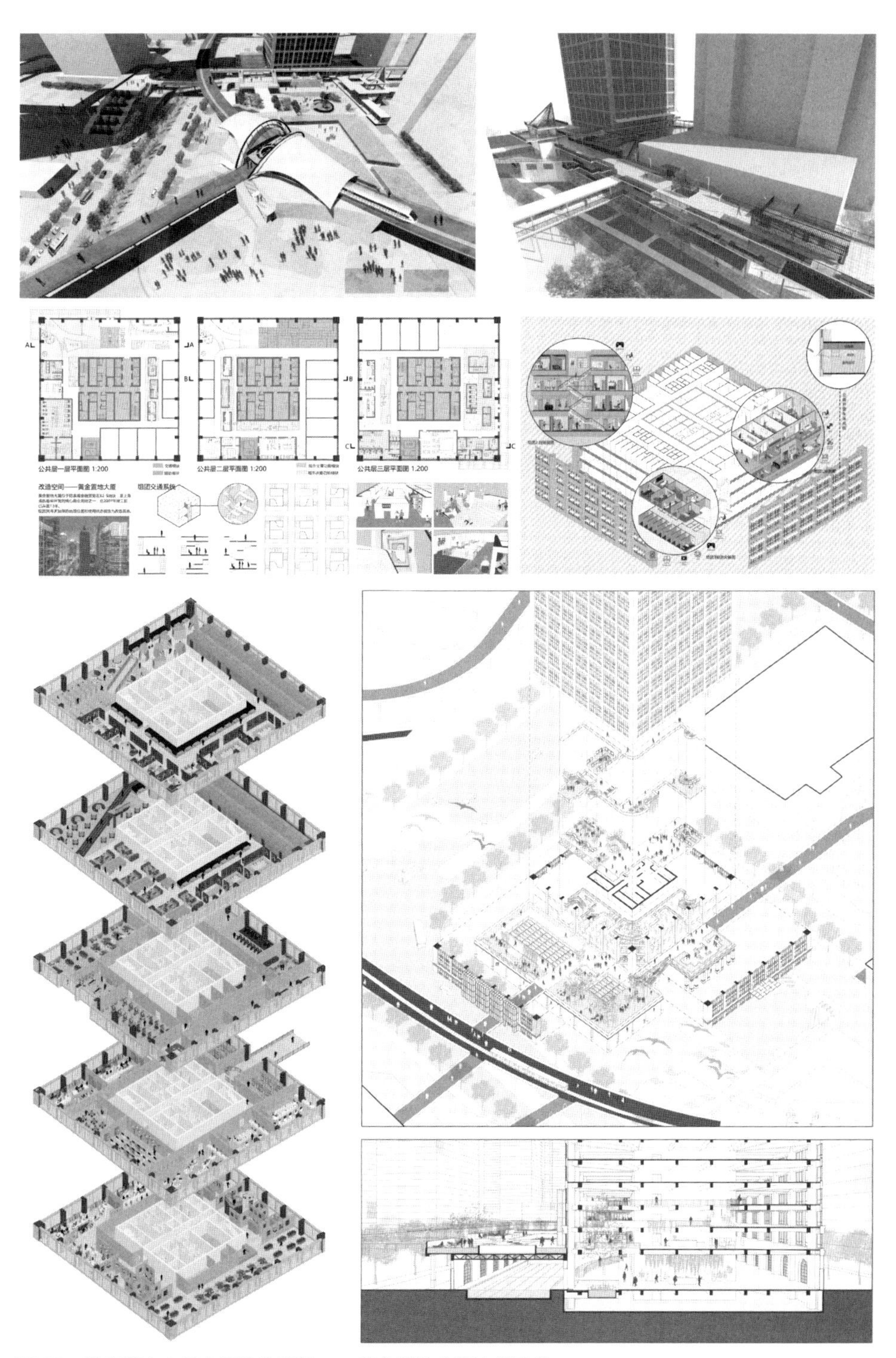

**图 68　陆家嘴中心区空间改造实验——黄金置地大厦空间改造**

图片来源：陆家嘴中心区毕业设计小组绘制。

商务办公空间为租住公寓，为中心区工作的青年群体提供一定量的居住空间。置换其中五层空间为高等院校的院系级校区（如金融学院、艺术学院等），以增加该区域内青年群体的人群比例。此外，还以单元模块化的方式增设多元公共服务空间于高层建筑之中，如小型餐饮店、干洗店、健身房、理发店、社区服务站点等，还包括在室内置入公共绿地空间。

我们的设计实验构想中有着比较理想化的部分（图 69）。比如在现有高层建筑之间架设空中连廊，在目前的技术条件下看起来还不具有可操作性。而置换高层建筑内的空间功能及开放垂直交通等策略，也需要在城市管理层面提供政策上的支撑。尽管如此，但我们认为这样一种可能性的探讨是有必要的。陆家嘴中心区既然已经形成这样一种“光辉城市”般的独特空间景观，被诟病的是形态所导致的空间问题，而不应当是形态本身。空间景观的独特性甚至唯一性将成为未来城市的重要竞争力，因为价值的最高等级在于不可替代。解决问题的方式也应当

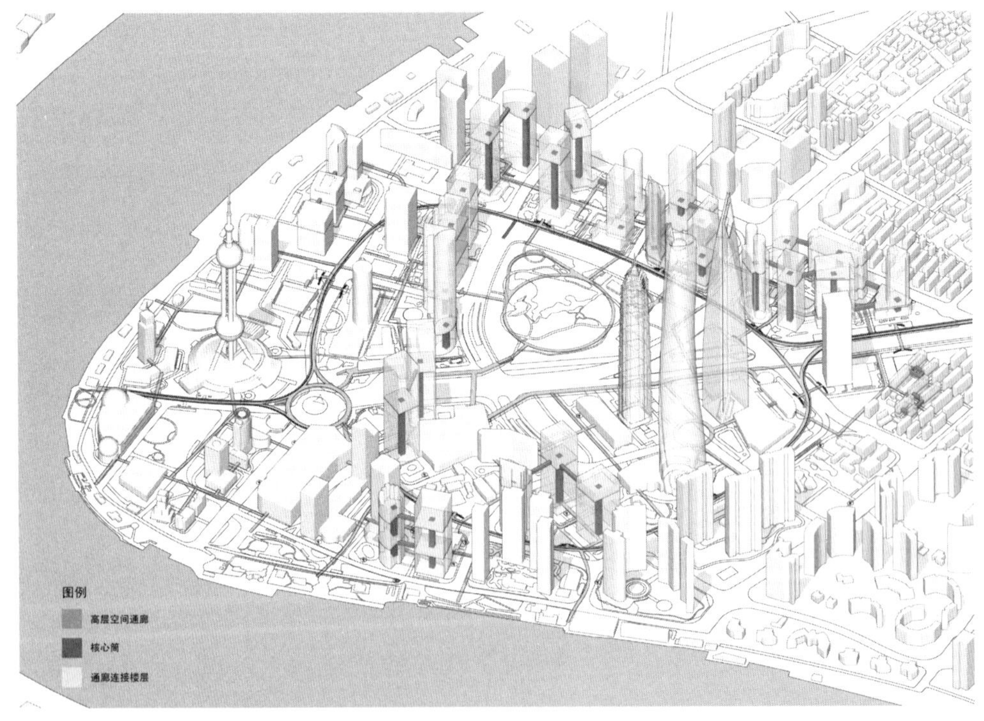


**图 69 陆家嘴中心区立体步行交通系统构想**
图片来源：陆家嘴中心区毕业设计小组绘制。

是多样的，不一定要照着曼哈顿金融区、新加坡莱佛士，或者这样那样的样板来改造它，可以从自身空间特征出发来寻求“量身定制”解决途径。

这也是我们从密度视角来进行城市设计思考的一个基本逻辑，即密度本身既不是问题所在，也不是解决问题的必然选择，需要深入挖掘密度表征背后的内在联系和逻辑。在陆家嘴中心区的案例中，最核心的问题是区域内建筑空间之间联系的缺乏，包括功能上的联系、交通上的联系，本质上是人的行为活动上的联系。丰富人的行为活动上的联系才是城市活力的泉源。

# 结　语

城市从诞生之初发展至今，尽管所呈现的状况多元且不断在变化，但都脱离不了“集聚”——这一出于人类生存本能的特征。在当前全球化的城市发展框架下，人们对“集聚”的空间概念有了新的认识——“集聚”不是单纯地在空间上挤在一起，其真正的内涵是彼此间多元而有效的流通。城市的本质就是集聚，网络是集聚的载体，人、物品、信息在其中不停流动，新的秩序在流动中建立。城市的边界在逐渐消失，功能的定义在逐渐模糊，城市空间需要新的描述和理解方式。

本书正是基于这样的思考，尝试用“密度”来理解城市空间形态。密度作为一种物理属性，伴随着城市空间的形成而存在。但一开始，它只是一种直观的空间体验和感受。现代城市出现之前，城市空间的形态集聚大都是水平向的均质铺陈，人们感受不到密度的差异。即便有些许差别，相较于形式、功能等城市空间属性的优先级也很低，人们自然也不会费心去想如何来描述这种感受。正是现代城市空间在密度上有了显著的分布差异，甚至由此引发了问题，人们才需要用理性逻辑思维对其进行思考，随后城市空间的密度概念才具有了各种明确的定义。因此，城市空间的密度也是一种具有经济和社会意义的文化属性，其定义本身就反映了人对城市空间的理解和使用方式。

而我们现今使用的所有空间密度概念，都是基于当下人类与重力环境的相互关系。城市形态在三维中的延展是以土地面积层层叠加的形式呈现，城市高空空间无法脱离基址而独立使用，因而建筑空间在水平面上的投形面积被作为空间容量的计算当量。现代社会科技的进步使得城市空间的密度呈现出分布差异。进一步地设想，当科技进步到人类获得可以与重力相抗衡的自由时，正如许多科幻作品所期望的那样，城市空间形态必将发生本质上的改变，相应地，空间密度也将被重新定义。

20 世纪初叶，人类见识到了科技革命所带来的巨大能量，像是打开了潘多拉的盒子，于是有了掌控更广阔空间的勃勃雄心。当列斐伏尔在50年前讨论“全面城市化”理论时，城市社会的前景只存在于未知的时空中。而如今，城市化几乎成为全球各个地方的主导现实，并在全球化的推动下产生了丰富多元的城市状况。城市在更大的区域尺度上不断扩张，有一些城市区域甚至合并成更大规模的聚落形式；全球主要经济区域、国家的跨领域空间政策通过洲际交通廊道、大规模的基础设施、通信以及能源网络、自由贸易区等方式促进了跨国资本的投资和城市发展；全球建成环境作为城市发展所依赖的物质基础，直接促使全球大气、生物栖息地、地表土地利用、海洋环境等发生深刻的转变，这对未来人类和非人类的生命形式均带来长远影响。

我们有理由相信，城市与乡村终将成为历史阶段性的二元对立。与其说城市是一种聚落形态，不如将其看作是一种生活方式，一种具有更高密度的生活环境，不论是人的密度、信息的密度、空间的密度。有关集聚与城市的话题也值得持续地研究下去。

# 参考文献

## 【学术专著】


[1] 王建国 . 城市设计 [M]. 南京：东南大学出版社，2011.

[2] A.E.J. 莫里斯 . 城市形态史：工业革命以前 [M]. 成一农，王雪梅，王耀，等译 . 北京：商务印书馆，2011.

[3] 戴维・哈维 . 后现代的状况——对文化变迁之缘起的探究 [M]. 阎嘉，译 . 北京：商务印书馆，2013.

[4] 包亚明 . 现代性与空间的生产 [M]. 上海：上海教育出版社，2003.

[5] 迈克尔・巴蒂 . 新城市科学 [M]. 刘朝晖，吕荟，译 . 北京：中信出版社，2019.

[6] R.E. 帕克，E.N. 伯吉斯，R.D. 麦肯齐，等 . 城市社会学：芝加哥学派城市研究 [M]. 宋俊岭，郑也夫，译 . 北京：商务印书馆，2012.

[7] 凯文・林奇 . 城市形态 [M]. 林庆怡，陈朝晖，邓华，译 . 北京：华夏出版社，2001.

[8] 维特鲁威 . 建筑十书 [M]. 高履泰，译 . 北京：知识产权出版社，2001.

[9] 阿尔多・罗西 . 城市建筑学 [M]. 黄士钧，译 . 刘先觉，校 . 北京：中国建筑工业出版社，2006.

[10] 约翰・里德 . 城市 [M]. 郝笑丛，译 . 北京：清华大学出版社，2010.

[11] Serge Salat. 城市与形态：关于可持续城市化的研究 [M]. 北京：中国建筑工业出版社，2012.

[12] 柯林・罗，弗瑞德・科特 . 拼贴城市 [M]. 童明，译 . 李德华，校 . 北京：中国建筑工业出版社，2003.

[13] 勒・柯布西耶 . 走向新建筑 [M]. 陈志华，译 . 西安：陕西师范大学出版社，2004.

[14] 凯文・林奇 . 城市意象 [M]. 方益萍，何晓军，译 . 北京：华夏出版社，2001.

[15] 亚里克斯・克里格，威廉・S. 桑德斯 . 城市设计 [M]. 王伟强，王启泓，译 . 上海：同济大学出版社，2016.

[16] Matthew Carmora，Tim Heath，Taner Oc 等 . 城市设计的维度：公式场所——城市空间 [M]. 冯江，袁粤，万谦，等译 . 南京：江苏科学技术出版社，2005.

[17] 埃德蒙・N・培根 . 城市设计 [M]. 黄富厢，朱琪，译 . 北京：中国建筑工业出版社，2003.

[18] 韩冬青，冯金龙 . 城市 · 建筑一体化设计 [M]. 南京：东南大学出版社，1999.
[19] 阿尔弗雷德·申茨 . 幻方——中国古代的城市 [M]. 梅青，译 . 北京：中国建筑工业出版社，2009.
[20] 陈寅恪 . 隋唐制度渊源略论稿 [M]. 北京：中华书局，1963.
[21] 菲利普·巴内翰，让·卡斯泰，让 – 夏尔·德保勒 . 城市街区的解体——从奥斯曼到勒·柯布西耶 [M]. 魏羽力，许昊，译 . 北京：中国建筑工业出版社，2012.
[22] 雷姆 · 库哈斯 . 癫狂的纽约：给曼哈顿补写的宣言 [M]. 唐克扬，译 . 姚东梅，校译 . 北京：生活 · 读书 · 新知三联书店，2015.
[23] 勒 · 柯布西耶 . 明日之城市 [M]. 李浩，译 . 方晓灵，校 . 北京：中国建筑工业出版社，2009.
[24] 雨果 . 巴黎圣母院 [M]. 李玉民，译 . 北京：光明日报出版社，2009.
[25] 大卫 · 哈维 . 巴黎城记 [M]. 黄煜文，译 . 南宁：广西师范大学出版社，2010.
[26] 埃比尼泽 · 霍华德 . 明日的田园城市 [M]. 金经元，译 . 北京：商务印书馆，2010：9–10.
[27] 刘易斯 · 芒福德 . 城市发展史——起源、演变和前景 [M]. 宋俊岭，倪文彦，译 . 北京：中国建筑工业出版社，2005.
[28] 尤瓦尔 · 赫拉利 . 人类简史：从动物到上帝 [M]. 林俊宏，译 . 北京：中信出版社，2014.
[29] 尤瓦尔 · 赫拉利 . 未来简史：从智人到智神 [M]. 林俊宏，译 . 北京：中信出版社，2017.
[30] 罗兹 · 墨菲 . 上海：现代中国的钥匙 [M]. 上海社会科学院历史研究院，编译 . 上海：上海人民出版社，1986：2.
[31] UKASZ S, CHRISTIAN S, ÁKOS M. Urban revolution now：Henri Lefebvre in social research and architecture[M]. Farnham：Ashgate, 2015.
[32] FRANK L W. The disappearing city[M]. New York：W. F. Payson, 1932.
[33] ROGER D, JACQUES H, MARCEL M, PIERRE D M, CHRISTIAN S. Switzerland：an urban portrait[M]. Basel：ETH Studio Basel, 2006.
[34] THOMAS G S. Vitruvius on architecture[M]. New York：The Monacelli Press, 2003.
[35] WARD D, ZUNZ O, ZUNZ O. The landscape of modernity：essays on New York city, 1900–1940[M]. New York：Russell Sage Foundation, 1992.
[36] KAYDEN J. Privately owned public space：the New York city experience[M]. New York：Wiley, 2000.
[37] MVRDV. Farmax：excursions on density[M]. 010Publishers, 1998.
[38] AURORA F P, JAVIER M, JAVIER A. Hoco：density housing construction & costs[M]. *a+t* Architecture Publishers, 2009.
[39] JAVIER M, ÁLEX S O, AURORA P F. Why density? Debunking the myth of the cubic watermelon[M]. *a+t* Architecture Publishers, 2015.
[40] WU L. A brief history of ancient Chinese city planning[M]. Kassel：Urbs Et Regio, 1985.
[41] COLIN R. The mathematics of the ideal villa and other essays[M]. Cambridge, Massachusetts, and London, England：The MIT Press, 1987.

[42] ALEXANDROS A K, INOCONSTANTS A, DOXIADIS. Texts, design drawings, settlements[M]. Athens：Ikaros, 2006：46–47.

## 【学术论文】

### “全球化与城市化”

[43] 亨利·列斐伏尔，晓默.《空间的生产》节译 [J]. 建筑师，2005（5）：51–60.

[44] 周向频 . 中国当代城市景观的“迪斯尼化”现象及其文化解读 [J]. 建筑学报，2009（6）：86–89.

[45] 张庭伟 . 全球化 2.0 时期的城市发展——2008 年后西方城市的转型及对中国城市的影响 [J]. 城市规划学刊，2012（4）：5–11.

[46] 郑时龄 . 全球化影响下的中国城市与建筑 [J]. 建筑学报，2003（2）：7–10.

[47] 薛立新 . 城市的本质 [J]. 城市规划，2016，40（7）：9–18.

[48] 周晓虹 . 芝加哥社会学派的贡献与局限 [J]. 社会科学研究，2004（6）：94–98.

[49] 张庭伟 . 解读全球化：全球评价及地方对策 [J]. 城市规划学刊，2006（5）：1–8.

[50] NEIL B. Theses on urbanization [R]. Public Culture, 2013,（1）：85–114.

[51] ANGEL S, PARENT J, CIVCO D L, et al. Making room for a planet of cities [R]. Cambridge, MA：Lincoln Institute of Land Policy, 2011.

[52] World Economic Forum. The global enabling trade report 2016 [R]. Geneva：World Economic Forum Publishing, 2016.

[53] OECD. The metropolitan century：understanding urbanisation and its consequences [R], Paris：OECD Publishing, 2015.

[54] United Nations, Department of Economic and Social Affairs, Population Division. The World's Cities in 2016–Data Booklet（ST/ESA/ SER.A/392）[R]. New York, NY, USA：United Nations, 2016.

[55] WHEELER S M. Built landscapes of metropolitan regions：an international typology[J]. Journal of the American Planning Association, 2015, 81（3）：167–190.

[56] United Nations, Department of Economic and Social Affairs, Population Division. World urbanization prospects：The 2014 revision. Highlights（ST/ESA/SER.A/352）[R]. New York, NY, USA：United Nations, 2014.

[57] United Nations, Department of Economic and Social Affairs, Population Division. World population prospects：the 2015 revision, key findings and advance tables. Working Paper No. ESA/P/WP.241 [R]. New York, NY, USA：United Nations, 2015.

### “城市形态密度研究”

[58] 董春方 . 密度与城市形态 [J]. 建筑学报，2012（7）：22–27.

[59] 毛其智，龙瀛，吴康 . 中国人口密度时空演变与城镇化空间格局初探——从 2000 年到 2010 年 [J]. 城市规划，2015，39（2）：38–43.

[60] 卓健 . 中国城市是否可以作为一种“城市模式”？——记法国规划师的一次座谈会 [J]. 城市规划学刊，2005（4）：104–108.

[61] 邹颖，寒梅 . 在梦想中探索人类未来的家园——评 MVRDV 的新书《KM3》[J]. 建筑师，2007（5）：61–66+25.

[62] 张京祥，崔功豪，朱喜钢 . 大都市空间集散的景观、机制与规律——南京大都市的实证研究 [J]. 地理与地理信息科学，2002，18（3）：48–51.

[63] 何强为 . 容积率的内涵及其指标体系 [J]. 城市规划，1996（1）：25–27.

[64] 张亮，孟庆 . 对城市建筑高度与容积率控制的思考——以重庆都市区为例 [C]// 2011 中国城市规划年会论文集 . 2011：4186–4192.

[65] 施蘅 . 极限——MVRDV 的概念及研究 [J]. 城市建筑，2004（3）：79–83.

[66] 周钰，赵建波，张玉坤 . 街道界面密度与城市形态的规划控制 [J]. 城市规划，2012，36（6）：28–32.

[67] 程俊，秦洛峰 . 阅读《FARMAX》[J]. 建筑与文化，2010（3）：104–106.

[68] 寒梅，邹颖 . 高密集度理想——MVRDV 的三维城市理论 KM3[J]. 青岛理工大学学报，2007，28（5）：32–36.

[69] 李德仁，李熙 . 论夜光遥感数据挖掘 [J]. 测绘学报，2015，44（6）：591–601.

[70] 何春阳，史培军，李景刚，等 . 基于 DMSP/OLS 夜间灯光数据和统计数据的中国大陆 20 世纪 90 年代城市化空间过程重建研究 [J]. 科学通报，2006，51（7）：856–861.

[71] 卓莉，李强，史培军，等 . 基于夜间灯光数据的中国城市用地扩展类型 [J]. 地理学报，2006，61（2）：169–178.

[72] 廖兵，魏康霞，宋巍巍 . DMSP/OLS 夜间灯光数据在城镇体系空间格局研究中的应用与评价—— 以近 16 年江西省间城镇空间格局为例 [J]. 长江流域资源与环境，2012，21（11）：1295–1300.

[73] 徐梦洁，陈黎，刘焕金，等 . 基于 DMSP/OLS 夜间灯光数据的长江三角洲地区城市化格局与过程研究 [J]. 国土资源遥感，2011，23（3）：106–112.

[74] 郑辉，曾燕，王勇等 . 基于 VIIRS 夜间灯光数据的城市建筑密度估算——以南京主城区为例 [J]. 科学技术与工程，2014，14（18）：68–75.

[75] 方家，王德，谢栋灿，等 . 上海顾村公园樱花节大客流特征及预警研究——基于手机信令数据的探索 [J]. 城市规划，2016，40（6）：43–51.

[76] 李祖芬，于雷，高永，等 . 基于手机信令定位数据的居民出行时空分布特征提取方法 [J]. 交通运输研究，2016，2（1）：51–57.

[77] 钟炜菁，王德，谢栋灿，等 . 上海市人口分布与空间活动的动态特征研究——基于手机信令数据的探索 [J]. 地理研究，2017，36（5）：972–984.

[78] 钮心毅，丁亮，宋小冬 . 基于手机数据识别上海中心城的城市空间结构 [J]. 城市规划学刊，2014（6）：61–67.

[79] 吴志强，叶钟楠 . 基于百度地图热力图的城市空间结构研究——以上海中心城区为例 [J]. 城市规划，2016，40（4）：33–40.

[80] PONT M B，HAUPT P. The spacemate：density and the typo–morphology of the urban fabric[J]. Nordic Journal of Architecture Research，2005，4：55–68.

[81] AKKELIES V N，PONT M B，MASHHOODI B. Combination of space syntax with spacematrix and the mixed use index. The Rotterdam South test case[C]. Proceedings：Eighth International Space Syntax Symposium，2012.

[82] PATEL S B. Analyzing urban layouts–can high density be achieved with good living conditions?[J]. Environment & Urbanization，2011，23（2）：583–595.

[83] SALVATI，LUCA，ZITTI，et al. Changes in city vertical profile as an indicator of sprawl：evidence； from a Mediterranean urban region[J]. Habitat International，2013，38：119–125.

[84] FORSYTH A，OAKES J M，SCHMITZ K H，et al. Does residential density increase walking and other physical activity[J]. Urban Studies，2007，44（4）：679–697.

[85] JIA L. Landscape ecology，land–use structure，and population density：case study of the Columbus Metropolitan Area[J]. Landscape & Urban Planning，2012，105：74–85.

[86] ISENDAHL C，SMITH M E. Sustainable agrarian urbanism：the low–density cities of the Mayas and Aztecs[J]. Cities，2013，31（2）：132–143.

[87] SUNG H，OH J T. Transit–oriented development in a high–density city：identifying its association with transit ridership in Seoul，Korea[J]. Cities，2011，28（1）：70–82.

**“城市形态其他研究”**

[88] 王建国，张愚，冯瀚 . 城市设计干预下基于用地属性相似关系的开发强度决策模型 [J]. 中国科学：技术科学，2010，40（9）：983–993.

[89] 王建国 . 基于城市设计的大尺度城市空间形态研究 [J]. 中国科学（E 辑：技术科学），2009，39（5）：830–839.

[90] 王建国，阳建强，杨俊宴 . 总体城市设计的途径与方法——无锡案例的探索 [J]. 城市规划，2011，35（5）：88–96.

[91] 王建国 . 从理性规划的视角看城市设计发展的四代范型 [J]. 城市规划，2018，42（1）：9–19+73.

[92] 顾朝林，吴莉娅 . 中国城市化研究主要成果综述 [J]. 城市问题，2008（12）：151–155.

[93] 卢健松，彭丽谦，刘沛 . 克里斯托弗・亚历山大的建筑理论及其自组织思想 [J]. 建筑师，2014（5）：44–51.

[94] 陈彦光 . 分形城市与城市规划 [J]. 城市规划，2005（2）：33–40+51.

[95] 张播，赵文凯 . 国外住宅日照标准的对比研究 [J]. 城市规划，2010，34（11）：70–74.
[96] 亚里山大 C，严小婴（译）. 城市并非树形 [J]. 建筑师，1985（24）：206–224.
[97] 丁沃沃，胡友培，窦平平 . 城市形态与城市微气候的关联性研究 [J]. 建筑学报，2012（7）：16–21.
[98] 谷凯 . 城市形态的理论与方法——探索全面与理性的研究框架 [J]. 城市规划，2001，25（12）：36–41.
[99] 丁沃沃，刘青昊 . 城市物质空间形态的认知尺度解析 [J]. 现代城市研究，2007，22（8）：32–41.
[100] 童明 . 城市肌理如何激发城市活力 [J]. 城市规划学刊，2014（3）：85–96.
[101] 房艳刚，刘继生 . 基于复杂系统理论的城市肌理组织探索 [J]. 城市规划，2008（10）：32–37.
[102] 肖彦，孙晖 . 如果城市并非树形——亚历山大与萨林加罗斯的城市设计复杂性理论研究 [J]. 建筑师，2013（6）：76–83.
[103] 童明 . 罗西与《城市建筑》[J]. 建筑师，2007（5）：26–41.
[104] 尼科斯·塞灵格勒斯 . 连接分形的城市 [J]. 刘洋，译 . 国际城市规划，2008，23（6）：81–92.
[105] 赵燕菁 . 高速发展条件下的城市增长模式 [J]. 国际城市规划，2001（1）：27–33.
[106] 杨滔 . 从空间句法角度看可持续发展的城市形态 [J]. 北京规划建设，2008（4）：93–100.
[107] 王静文，毛其智，党安荣 . 北京城市的演变模型——基于句法的城市空间与功能模式演进的探讨 [J]. 城市规划学刊，2008（3）：82–88.
[108] 龙瀛，毛其智，杨东峰，等 . 城市形态、交通能耗和环境影响集成的多智能体模型 [J]. 地理学报，2011，66（8）：1033–1044.
[109] 朱玮 . 城市空间形态定量研究评述 [J]. 山西建筑，2009，35（30）：42–43.
[110] 李江 . 城市空间形态的分形维数及应用 [J]. 武汉大学学报（工学版），2005，38（3）：99–103.
[111] 林炳耀 . 城市空间形态的计量方法及其评价 [J]. 城市规划学刊，1998（3）：42–45.
[112] 王剑锋 . 城市空间形态量化分析研究 [D]. 重庆大学，2004.
[113] 李江，郭庆胜 . 基于句法分析的城市空间形态定量研究 [J]. 武汉大学学报（工学版），2003，36（2）：69–73.
[114] 杨滔 . 数字城市与空间句法：一种数字化规划设计途径 [J]. 规划师，2012，28（4）：24–29.
[115] 蒂姆·斯通纳，曹靖涵，杨滔 . 智慧城市设计和空间句法：精明投入和智能产出 [J]. 城市设计，2016（1）：8–21.
[116] 牟凤云，张增祥 . 重庆市城市空间形态演变定量化研究 [J]. 安徽农业科学，2009，37（9）：4324–4325+4329.

[117] 冯炜 . 阅读 Metacity/Datatown[J]. 风景园林，2008（3）：114-115.

[118] 王成新，梅青，姚士谋，等 . 交通模式对城市空间形态影响的实证分析——以南京都市圈城市为例 [J]. 地理与地理信息科学，2004，20（3）：74-77.

[119] 毛蒋兴，闫小培 . 国外城市交通系统与土地利用互动关系研究 [J]. 城市规划，2004，28（7）：64-69.

[120] 马强 . 走向“精明增长”：从小汽车城市到公共交通城市——国外城市空间增长理念的转变及对我国城市规划与发展的启示 [D]. 同济大学，2004.

[121] 闫小培，毛蒋兴 . 高密度开发城市的交通与土地利用互动关系——以广州为例 [J]. 地理学报，2004，59（5）：643-652.

[122] LIN J J，YANG A T. Structural analysis of how urban form impacts travel demand：evidence from Taipei[J]. Urban Studies，2009，46（9）：1951-1967.

[123] CHEN H，JIA B，LAU S S Y. Sustainable urban form for Chinese compact cities：challenges of a rapid urbanized economy[J]. Habitat International，2008，32（1）：28-40.

[124] JABAREEN Y. Sustainable urban forms：their typologies，models，and concepts[J]. Journal of Planning Education & Research，2006，26（1）：38-52.

[125] CARRUTHERS J I，HEPP S，KNAAP G J，et al. The American way of land use：a spatial hazard analysis of changes through time[J]. International Regional Science Review，2012，35（3）：267-302.

[126] YANG J，SHEN Q，SHEN J，et al. Transport impacts of clustered development in Beijing：compact development versus overconcentration[J]. Urban Studies，2012，49（6）：1315-1331.

[127] MARSHALL J D. Urban land area and population growth：a new scaling relationship for metropolitan expansion[J]. Urban Studies，2007，44（10）：1889-1904.

[128] STORPER M. Why does a city grow? Specialisation，human capital or institutions? [J]. Urban Studies，2010，47（10）：2027-2050.

[129] ALBERT R，BARABÁSI A. Statistical mechanics of complex networks[J]. Review of Modern Physics，2002，74（1）：47-97.

### “城市形态案例研究”

[130] 菲利普·巴内翰，让·卡斯泰，让 - 夏尔·德保勒，等 . 城市街区的解体——从奥斯曼到勒·柯布西耶 [M]. 魏羽力，许昊，译 . 北京：中国建筑工业出版社，2012.

[131] 弗朗索瓦兹·邵艾，邹欢 . 奥斯曼与巴黎大改造（Ⅰ）[J]. 城市与区域规划研究，2010，3（3）：124-141.

[132] 弗朗索瓦兹·邵艾，邹欢 . 奥斯曼与巴黎大改造（Ⅱ）[J]. 城市与区域规划研究，2011，4（1）：134-140.

[133] 朱明 . 奥斯曼时期的巴黎城市改造和城市化 [J]. 世界历史，2011（3）：46-54+158.

[134] 奚文沁，周俭 . 巴黎历史城区保护的类型与方式 [J]. 国际城市规划，2004，19（5）：62-67+61.

[135] 钟纪刚 . 巴黎城市建设史 [M]. 北京：中国建筑工业出版社，2002.
[136] 杨宇振 . 巴黎的神话：作为当代中国城市镜像——读大卫·哈维的《巴黎：现代性之都》[J]. 国际城市规划，2011，26（2）：111–115.
[137] 张恺，周俭 . 法国城市规划编制体系对我国的启示——以巴黎为例 [J]. 城市规划，2001（8）：37–41.
[138] 贺从容 .《考工记》模式与希波丹姆斯模式中的方格网之比较 [J]. 建筑学报，2007（2）：65–69.
[139] 于洋 . 纽约市区划条例的百年流变（1916—2016）——以私有公共空间建设为例 [J]. 国际城市规划，2016，31（2）：98–109.
[140] 王卉，谭纵波，刘健 . 美国纽约市建筑高度控制方法探析 [J]. 国际城市规划，2016，31（1）：93–96.
[141] 杨军 . 美国芝加哥市区划条例内容研究 [J]. 北京规划建设，2012（2）：105–107.
[142] 程明华 . 芝加哥区划法的实施历程及对我国法定规划的启示 [J]. 国际城市规划，2009，24（3）：72–77.
[143] 武廷海，戴吾三 ."匠人营国"的基本精神与形成背景初探 [J]. 城市规划，2005（2）：52–58.
[144] 余霄 . 先王之制——以"周公营洛"为例论先秦城市规划思想 [J]. 城市规划，2014，38（8）：35–40.
[145] 潘谷西 . 元大都规划并非复古之作——对元大都建城模式的再认识 [C]// 中国紫禁城学会论文集（第二辑），1997：17–31.
[146] 郑卫，李京生 . 唐长安里坊内部道路体系探析 [J]. 城市规划，2007（10）：81–87.
[147] 李昕泽，张玉坤 . 由军事制度探究里坊制起源 [J]. 天津大学学报（社会科学版），2014，16（6）：533–537.
[148] 王晖，曹康 . 隋唐长安里坊规划方法再考 [J]. 城市规划，2007（10）：74–80+87.
[149] 黄富厢 . 上海 21 世纪 CBD 与陆家嘴中心区规划的深化完善 [J]. 北京规划建设，1997（2）：18–25.
[150] 刘晓星，陈易 . 对陆家嘴中心区城市空间演变趋势的若干思考 [J]. 城市规划学刊，2012（3）：102–110.
[151] 蔡永洁，许凯，张溱，等 . 新城改造中的城市细胞修补术——陆家嘴再城市化的教学实验 [J]. 城市设计，2018（1）：64–73.
[152] 郎嵬，克里斯托弗・约翰・韦伯斯特 . 紧凑下的活力城市：凯文・林奇的城市形态理论在香港的解读 [J]. 国际城市规划，2017，32（3）：28–33.
[153] 阮玲 . 紧凑城市观念下香港公屋的建筑形态与规划结构研究 [D]. 南京大学，2012.
[154] 顾翠红，魏清泉 . 香港土地开发强度规划控制的方法及其借鉴 [J]. 中国土地科学，2006，20（4）：57–62.

[155] 卢永毅，胡宇之 . 勒・柯布西埃的摩天楼 [J]. 时代建筑，2005（4）：134–137.

[156] Joan Busquets，鲁安东，薛云婧 . 城市历史作为设计当代城市的线索——巴塞罗那案例与塞尔达的网格规划 [J]. 建筑学报，2012（11）：2–16.

[157] 唐子来,付磊 . 城市密度分区研究——以深圳经济特区为例 [J]. 城市规划学刊,2003(4)：1–9+95.

[158] 王建国，高源，胡明星 . 基于高层建筑管控的南京老城空间形态优化 [J]. 城市规划，2005（1）：45–51+97–98.

[159] 曹正伟 . 墨西哥亡灵节的地理与空间意涵 [J]. 世界地理研究，2012，21（3）：168–176.

[160] 黄潇颖 . 消失的城市：一个建筑师的城市替代方案 [J]. 时代建筑，2013（6）：56–59.

[161] 魏皓严，郑曦 . 生猛的白象居——步行基础设施建筑 [J]. 住区，2017（2）：28–39.

[162] MELLAART J. Excavations at Çatal Hüyük，1963，third preliminary report[J]. Anatolian Studies，1964，14：52.

[163] RADIVOJEVIĆ M，REHREN T，Farid S，et al. Repealing the Çatalhöyük extractive metallurgy：The green，the fire and the ‘slag’ [J]. Journal of Archaeological Science，2017（86）101–122.

[164] CAHILL N. Olynthus and Greek town planning[J]. Classical World，2000，93（5）：497–515.

[165] City of New York Board of Estimate and Apportionment. Building Zone Resolution，1916.

[166] RAPHAEL F. The metropolitan dimension of early Zoning：revisiting the 1916 New York city ordinance[J]. Journal of the American Planning Association，1998，64（2）：170–188.

[167] IOANNIDES Y M，ZHANG J. Walled cities in late imperial China[J]. Journal of Urban Economics，97：71–88.